KB119506

이렇게 사는 게   다   무슨 소용이람

이렇게 사는 게   다   무슨 소용이람

초판 1쇄 인쇄 2018년 12월 20일
초판 1쇄 발행 2018년 12월 27일

지은이 조한별, 이과용, 밀리
펴낸이 연준혁

출판2본부 이사 이진영
출판3분사 분사장 오유미
책임편집 김재은
디자인 bigwave

펴낸곳 | (주)위즈덤하우스 미디어그룹 **출판등록** | 2000년 5월 23일 제13-1071호
주소 | (10402) 경기도 고양시 일산동구 정발산로 43-20 센트럴프라자 6층
전화 | (031) 936-4000 **팩스** | (031) 903-3893
홈페이지 | www.wisdomhouse.co.kr
©조한별·이과용·밀리, 2018

값 14,800원
ISBN 979-11-89709-03-7 13980

※ 이 책의 전부 또는 일부 내용을 재사용하려면 사전에 저작권자와
   ㈜위즈덤하우스 미디어그룹의 동의를 받아야 합니다.
※ 잘못된 책은 구입하신 서점에서 바꿔 드립니다.

이 도서의 국립중앙도서관 출판예정도서목록(CIP)은 서지정보유통지원시스템 홈페이
지(http://seoji.nl.go.kr)와 국가자료공동목록시스템(http://www.nl.go.kr/kolisnet)
에서 이용하실 수 있습니다.(CIP제어번호: CIP2018039150)

이렇게 사는 게 다 무슨 소용이람

서울을 잠시 잊고 싶었던 도시인들의 스페인 음식 여행기

조한별 글 + **이과용** 사진 + **밀리** 레시피

위즈덤하우스

작가의 말

식구(食口): _____

"밥 같이 먹자"는 말이 상투적인 인사가 되어버린 지 오래지만 저는 그 말의 힘을 믿습니다. 음식을 가운데 두고 마주 앉으면 처음엔 살짝 어색하지만 한 숟가락, 두 숟가락 먹다보면 이야기의 물꼬가 트이기 시작하지요. 거기서 나눈 이야기들로 이전에는 알지 못했던 서로의 다른 면들을 알게 되고, 상대방에 대해 조금 더 사려 깊게 됩니다.

이 책을 보시는 당신과 제가 식탁에서 처음 만났다면 우리 사이가 얼마나 더 가까워졌을지 저는 감히 상상할 수가 없어요. 우리는 대체로 혼자 먹을 때보다 함께 먹을 때 더 많이 먹고 많은 것을 기억하며 더 크게 웃습니다. 함께 사는 사람이라 같이 먹는 게 아니라, 같이 먹기 때문에 함께 사는 사람이 되는 거라 믿어요. 그러니 누구라도, 누구에게라도 우리는 서로의 식구(食口)가 되어줄 수 있어요.

매일매일이 숨 막히고 벅찬 현실에 지쳐서 도망이라도 가고 싶은 마음이 간절할 때면 최소한의 처방으로 좋아하는 사람과 식탁에 마주 앉아보세요. 분명 거기에 당신의 상처를 덮어줄 끈끈한 연고 같은 무언가가 있을 겁니다. 그것이 사람의 힘이든 음식의 힘이든 말이에요.

제가 그랬고, 여행을 함께 떠난 우리가 그랬어요. 도시 생활에서 얻은 마음의 생채기를 씻어내기 위해 우리는 최대한 멀리 도망치고 싶었어요. 그곳이 스페인이었고, 스페인 중에서도 산골 깊은 곳의 농장이었죠.

우리는 농장을 지키는 사람들과 매일 함께 먹었어요. 같은 식탁에 앉아 눈을 마주쳤고 이야기를 했으며 음식에 서로의 흔적을 더해가며 함께 떠먹었죠. 신기하게도 같이 먹고 함께 이야기를 나눈다는 사소한 일들이 지친 마음을 조금씩 낫게 해주더군요. 마음에 담아둔 말들도 아무렇지도 않게 척척 내뱉게 되고요. 그래서 그런지 함께 먹기만 했을 뿐인데 그것만으로도 꽤 힘이 났어요. 이 책을 통해 그런 식구의 힘에 대해 이야기 하고 싶었어요. 우리가 스페인에서 만난 연고 같은 식구들과 음식이 주는 치유의 힘에 대해서 말이에요.

이 책을 보는 당신의 끼니에 종종 좋은 사람이 함께하길 바라요. 당신의 식구가 여전히 당신 앞에 머무르길 바라고 혹여 여의치 않다면 당신이 먼저 누군가의 식구가 되어주는 것도 좋을 것 같아요. 함께 먹음으로써 서로의 온기를 나누고 마음의 허기가 채워지길, 결국 당신의 하루하루가 조금씩 풍성해지기를 바라요. 지친 몸을 이끌고 돌아온 하루의 끝, 홀로 앉아 먹는 단출한 저녁상이 유난히 초라하게 느껴지는 날에는 이 책이 당신의 식구가 되었으면 해요. 매일 그럴 순 없겠지만 때론 함께 먹어요, 우리.

P.S. 지난 스페인 여행에서 가장 큰 힘이 되고 많은 도움을 주셨던 안드레스와 그의 아내 분께 깊은 감사 말씀을 드리고 싶습니다. 현지 시골 마을마다 함께 찾아가 통역은 물론 현지 문화에 대해 친절하게 설명해주셨던 두 분이 없었다면 우리의 여행은 시작하지도 끝을 맺지도 못했을 겁니다. 늘 건강하시고 하시는 사업 또한 번창하기를 마음 깊이 진심으로 바라봅니다. 기회가 된다면 꼭 다시 만나 뵙고 싶습니다. 감사합니다. ¡Muchas Gracias!

CONTENTS

작가의 말_ 식구(食口): 함께 살면서 끼니를 같이하는 사람 : 004

PROLOGUE
이렇게 사는 게 다 무슨 소용이람 : 010
20대의 서울을 잊게 해줄 여행지, 스페인 : 013
혼밥을 그만하고 싶을 때 : 017

RECIPE BY MILLIE 그날의 요리
스페인 사람들의 흔한 아침 메뉴, 판 콘 토마테*Pan con tomate* : 020

Chapter 1 | 하엔 - 반전 매력 올리브

붉은 대지와 춤추는 올리브 나무 : 024
우리 일단 밥부터 먹어요 : 026
오일 한 방울에서 싱그러운 풀 향기가 났다 : 030
하나의 음식은 위인전의 주인공과 같다 : 034
파티의 드레스 코드는 로즈메리 : 042
스페인의 시간은 낙타처럼 굼뜨다 : 050
말라가로 가는 길, 실버 라이닝 : 056

RECIPE BY MILLIE 그날의 요리
올리브유에 끓인 새우와 마늘, 감바스 알 아히요*Gambas al ajillo* : 064
후안네 해산물 파에야, 파에야 데 마리스코스*Paella de mariscos* : 066
감자와 칠리소스, 파타타스 브라바스*Patatas bravas* : 068
하몬 롤까스, 플라멩킹*Flamenquín* : 070
감자 위에 문어, 풀포 아 라 가예가 콘 파타타스*Pulpo a la gallega con patatas* : 072
밀리의 말라가식 감자 샐러드, 엔살라다 말라게냐*Ensalada malagueña* : 074

Chapter 2 | 캄빌 - 염소 치즈와 밍밍한 가스파초

스페인 산촌 사람들 : 078
태양의 포옹을 마주하는 순간 : 082
모든 생명들이 서로를 키워내는 곳 : 086
완벽한 크레셴도를 이룬 저녁 : 090
일상 에너지의 원천, 밥심 : 096
마음의 허기가 채워지는 것 같았다 : 098
보편적 토끼고기와 밍밍한 가스파초 : 106

RECIPE BY MILLIE 그날의 요리

마늘향 나는 아몬드 수프, 아호 블랑코 *Ajo blanco* : 112
양고기 구이, 코르데로 아 라 파리야 *Cordero a la parrilla* : 114
리마콩과 하몬 볶음, 아비타스 콘 하몬 *Habitas con jamón* : 116
마늘 하몬밥, 아로스 콘 하몬 *Arroz con jamón* : 118
토끼 스튜, 귀소 데 코네호 *Guiso de conejo* : 120

Chapter 3 | 라만차 - 포도의 마법

라만차의 돈키호테와 인생의 고비론 : 124
땅의 선물을 허투루 쓰지 않는 사람들 : 128
라만차 농부들의 오랜 새참 : 136
포도의 다채로운 얼굴 : 140
무엇이든 거기에선 기쁜 맛이 났다 : 146
매일 조금씩 반짝이는 마을, 벨몬테 : 150
톨레도에서 맛집 검색은 하지 마세요 : 156

RECIPE BY MILLIE 그날의 요리

새콤한 아귀 요리, 라페 알 아히요 *Rape al ajillo* : 162
젬 레터스 샐러드, 엔살라다 데 코고요스 *Ansalada de Cogollos* : 164
모두를 위한 해산물 해장 스튜, 소파 데 마리스코스 *Sopa de mariscos* : 166
아스파라거스 달걀 스크램블, 레부엘토 데 에스파라고스 *Revuelto de espárragos* : 168
올리브유를 곁들인 바닐라 아이스크림과 틴토 데 베라노 *Tinto de verano* : 170

Chapter 4

리오하 - 와인 숙성의 비밀

스페인 와인, 그까짓 것 : **174**
가족의 식재료를 직접 만든다는 것의 의미 : **176**
토레 무가는 도전의 맛 : **180**
그들의 말을 계속 씹어 삼키다 보면 : **184**
오래된 것을 지키는 일에 대하여 : **188**
우리는 매일 숙성 중이다 : **194**
스페인을 대표하는 미식 도시, 산세바스티안 : **202**

RECIPE BY MILLIE 그날의 요리

와인 소금, 살 데 비노*Sal de vino* : **210**
비네그레트를 곁들인 화이트 아스파라거스, 에스파라고스 블랑코*Espárragos blanco* : **212**
아티초크 튀김, 알카초파 프리타*Alcachofa frita* : **214**
산세바스티안의 핀초*Pintxos* : **216**

- 모둠 버섯 볶음, 온고스 아 라 플란차*Hongos a la plancha*

- 연어 무스 핀초, 무스 데 살몬*Mousse de salmon*

- 데친 대구알, 우에바스 데 메를루사*Huevas de merluza*

- 앤초비와 마늘, 안초아 알 하이요*Anchoa al ajillo*

Chapter 5

엑스트레마두라 - 온기를 담은 하몬

도시의 공기가 켜켜이 쌓여 완성된 햄 : 222
박찬욱과 K에게 배운 것 : 228
바람 부는 이베리코의 놀이터 : 232
여전히 살아 숨 쉬는 하몬 : 238
간이 아주 적당해서 모든 게 완벽했던 날 : 244
스페인 식구들이 모여 만든 빛의 맛, 웃음의 맛 : 248

RECIPE BY MILLIE 그날의 요리

화이트 상그리아, 상그리아 블랑코 *Sangría blanco* : 258
초리조 감자 스튜, 소파 데 초리조 이 파타타스 *Sopa de chorizo y patatas* : 260
캔 문어 & 마늘 파스타, 피데오스 콘 풀포 알 아히요 *Fideos con pulpo al ajillo* : 262
와인에 졸인 서양배 디저트, 페라 알 비노 *Pera al vino* : 264
멜론과 하몬, 멜론 콘 하몬 이베리코 *Melón con jamón iberico* : 266
하몬 만체고 샌드위치, 샌드위치 데 하몬 이 퀘소 *Sándwich de jamón y queso* : 268
하몬 피자, 피자 데 하몬 이베리코 *Pizza de jamón ibérico* : 270

PROLOGUE_

이렇게 사는 게 다 무슨 소용이람

〈여행자〉

K - 사진가, 이과용

M - 푸드스타일리스트, 밀리

나 - 라이프스타일 에디터, 조한별

사실 잘 기억이 나지 않는다. 이 여행이 어떻게 해서 시작되었는지. 하지만 이것 하나만은 분명하다. 그때 우리는 꽤 지쳐 있었다. 6년간 제대로 된 휴가 한 번 쓰지 못하고 야근에 시달리며 일에만 매달려왔던 매거진 에디터, 따뜻한 나라 남반구 호주 멜버른에서 느긋함을 미덕으로 알고 일해왔지만 한국에 온 지 1년도 안 되어 밤낮 없는 노동 문화에 지칠 대로 지쳐버린 푸드스타일리스트, 직원들에게 줄 월급을 생각하면 하루 1분도 마음 놓고 쉬지 못하는, 만성 지병을 달고 살지만 병원 진료를 받을 시간도 없이 바쁜 스케줄에 휘둘리는 사진가. 우리 셋은 바라던 일을 하고 있었지만 쏟아지는 일에 치여 쉴 틈이 없었고 다가올 날들을 빛낼 꿈을 꿀 수도 없었다. 그로써 우리는 메말라갔다. 몸도 마음도 머리도.

'이렇게 일해서 도대체 내게 남는 건 뭐지?'

거대한 조직에서 쓰일 대로 쓰여 소모된 뒤에 쭉정이처럼 말라비틀어지게 될 것 같았다.

'그때 나의 지난날들은 누가 알아주지?'

글쎄, 아무도 없을 것 같았다.

'젠장, 이렇게 사는 게 다 무슨 소용이람.'

너그러운 햇살이 창문을 넘어 낮은 몸으로 찾아드는 초봄
의 오후. 나와 사진가 K, 푸드스타일리스트 M은 화보 촬영
을 위해 만났다. 화보의 콘셉트와 구체적인 내용에 대해 사
전 논의를 하기 위한 자리였다. M의 서울 연희동 작업실에
서 한참 촬영 이야기를 하던 중이었는데 언제부턴가 침묵
이 공간 전체를 지배하고 있었다. 그러고 나서도 꽤 오랫
동안 우리는 무겁게 입을 닫고 멀리 어딘가에 시선을 걸어
둔 채 그저 멍하니 앉아 있었다. 적막, 또 적막.

삶의 긴장으로 딱딱하게 굳은 몸을 녹여주는 볕, 그 볕
으로 반짝이는 유리잔, 테이블 위에 너저분하게 흩어져 있
는 화보 시안과 메모들. 왜 그랬는지 모르겠지만 그 순
간 찾아온 무념의 상태에서 문득 다 놓아버리고 싶다는 욕
구가 일었다. 어깨에 둘러메고 있던 긴장과 쓸데없는 책임
감 같은 것들을 놓아버리고 싶었다. 적막이 공간을 메우
고 한참 시간이 흘렀을 때 내가 먼저 무겁게 입을 뗐다.

"…우리 잠깐 좀 쉬어요."

20대의 서울을 잊게 해줄 여행지, 스페인

다시 20대로 돌아가고 싶냐고 누군가 내게 묻는다면 나는 단번에 거절할 자신이 있다. 그때 나는 작고 초라했으며 외롭고 배고팠다. 2010년 후반, 나는 스물다섯에 잡지사 인턴으로 에디터 일을 시작했다. 첫 사회생활, 첫 직장이었다. 그런 만큼 바짝 쫄아 있었고 모든 일에 서툴렀다. 무엇이든 할 것이고, 해낼 수 있으리라는 마음으로 일했지만 그런 나의 마음과 달리 현실은 냉정했다. 선배들의 눈에 나는 한참 뒤처지는 인턴이었다. 실수 연발이었고 기본기도 탄탄하지 않았다. 여러 번의 꾸지람을 듣고 몇 번의 사고를 치고 난 뒤부터 나는 기어코 작아지기 시작했다. 입사 초반의 호기로움은 온데간데없었고, 하루가 멀다 않고 고개 숙이며 혼나기에 바빴다.

"잠깐 볼까?" 하는 선배들의 말을 들을 때마다 다가올 시련을 미리 감지하며 눈을 질끈 감았고, 그때마다 찾아오는 긴장과 약간의 공포는 갑작스러운 요의를 부르며 온몸을 파르르 떨게 만들었다. 회사에 들어가기 전까지 내가 생각했던 나는 절대 그런 사람이 아니었다. 자신감 넘쳤던 나의 모습은 사라진 지 오래였고, 사회라는 곳에서 나는 그저 '천덕꾸러기', '천둥벌거숭이'일 뿐이었다. 나는 발가벗겨졌다. 현실은 생각했던 것보다 훨씬 냉정했고, 나는 내가 생각했던 것보다 많이 못났었다.

사회 초년생들이 다 그렇듯 그때 내가 할 수 있는 것이라곤 미친 듯이 노력하는 것뿐이었다. 누구를 탓할 수도 없고 그렇다고 도망칠 수도 없었다. 누가 시키지 않았는데도 밤을 꼴딱 새우면서 일했고 밥 먹는 시간도 아까워 책상 앞에서 식사를 해결할 때도 많았다. 주말, 주중 할 것 없이 온통 머릿속엔 '어떻게 하면 일을 더 잘할 수 있을까' 하는 생각뿐이었다. 그렇게 6년 여. 시간이 지나면서 일하는 솜씨도 좀 늘었고 이제는 어느 정도 인정을 받게 되었지만 여전히 마음은 겁쟁이였다. 마음 한편엔 늘 일에 대한 부채감, 나 자신에 대한 의심 같은 것이 있었다. 그래서 더 쉴 수가 없었다.

몇 해를 그렇게 보냈고 정확히 서른을 넘기던 해에 혹사당했던 몸은 기어코 파업에 돌입하고 말았다. 면역력이 약해졌고 신종플루나 독감 같은 당시 유행하는 병들을 달고 다녔다. 그렇게 위태롭게 이어오다가 결국 결혼 이후 유산까지 하게 되었다. 유산이라는 것, 요즘은 한 번쯤 다 하는 거라고 대수롭게 생각하지 말라고들 하지만 마음이 진 빚의 무게는 혼자서만 감당해야 하는 것이었다. 응급실로 가던 그날도 어김없이 나는 사무실에서 야근을 하던 중이었다.

미련하게도 그제야 머리에서 종이 울렸다. 나는 스스로를 참 못 살게도 괴롭히고 있었고, 그러는 동안 일을 뺀 다른 영역의 삶은 중심을 잃고 방황하고 있었다. 자연인으로서의 내 모습은 찢어져 형태조차 남아 있지 않았다. 나는 내게 너무 가혹했고 나를 너무 잊고 살았다.

잊고 있던 자연인으로서의 나는 어떤 모습이었을까. 내가 좋아하던 것, 행복을 느끼던 순간들을 찾으며 기억을 뒤졌다. 살기 위해 뒤졌다. 그러다가 문득 오래된 과거의 한 장면이 떠올랐다. 녹색으로 물든 밭, 그 가운데 자리한 평상, 둘러앉아 밥상을 맞는 사람들. 찬 물에 밥을 말고 된장에 고추를 푹 찍어 먹으며 깔깔깔.

날카롭고 아린 도시에서 어떻게든 살아보겠다고 진짜 얼굴을 가린 채 긴장의 끈을 놓지 못했던 가슴 속에서 잊고 있던 땅의 기운이 살랑거리기 시작했다. 작은 시골 마을이 가진 푸름과 풋내, 그것을 한 그릇 가득 담아낸 걸걸한 밥상이 마음 언저리에서 자꾸 맴돌았다. 밥솥이 김을 뿜을 때 나는 구수한 밥 냄새가 어디선가 피어나는 것 같았고 금세 배가 고파졌다.

강원도 철원은 나의 삶 중 가장 오랫동안 머물렀던 도시다. 한반도에서 가장 추운 곳 혹은 혹독한 군 생활로 이야기되는 지방 소도시. 철원은 대체로 사람들에게 황량하고 서늘한 시골 마을처럼 여겨지지만 내게는 아니다. 여름에는 논에 초록 벼들이 무성하고 골목마다 이웃들이 심어놓은 일용할 채소들이 빽빽하며 우렁찬 폭포, 길가의 포도나무, 이보다 더 못생길 수 없다는 듯 제멋대로 만들어진 현무암 바위들……. 어릴 적 나의 철원은 이 모든 게 내 것이 되는 풍족하고 배부른 곳이었다.

불현듯 떠오른 고향 마을의 기억 때문에 나는 땅의 기운이 담긴 풋내 나는 밥상을 얻어먹고 싶어졌고 밥상에 둘러앉은 사람들의 재잘거림이 듣고 싶어졌다. 그런 밥상이 있다면 그곳이 어디든 당장에라도 달려가고 싶었다. 다만 서울에서 최대한 멀리 떨어진 곳이면 좋겠다고 생각했다. 울렁거릴 만큼 지쳤던 지난 시간들이 1초도 떠오르지 않는 곳이면 더 바랄 게 없을 것 같았다. 지금껏 지내왔던 서울의 풍경과 정반대의 그림 속으로 들어가고 싶었다. 한 달간 머물 여행지를 스페인으로 정한 것은 그래서였다.

2011년, 운이 좋게도 나는 첫 출장을 유럽으로 떠났다. 주제는 '프랑스 돼지 농장 체험'. 프랑스에 있는 돼지 농장을 찾아가 잠봉(소금으로 염장한 뒤 건조해 만든 프랑스식 생햄)과 파테(돼지 살코기와 간 등을 갈아 만든 고형의 소스) 등 육가공 식품을 만드는 공장을 견학하는 것이었다. 포Pau라는 시골 도시, 그중에서도 깊은 산속에 자리한 농장을 갔다. 돼지를 방목해 키우던 농부와 함께 산을 걸었고, 산 꼭대기에 올랐을 때 그는 이렇게 말했다.

"앞에 보이는 게 피레네 산맥이에요. 이 산 너머 스페인에서 흘러온 바람과 물로 우리 돼지들이 자라는 거죠."

"저 너머가 스페인이라고요?"

"예, 생각보다 아주 가까워요. 날이 좋을 땐 스페인 마을이 보일 정도니까요."

눈앞에 펼쳐진 풍경은 어떤 말로도 설명이 안 됐다. 다만 분명히 말할 수 있는 건 그때부터 스페인은 내게 환상의 자연을 품은 땅이 되었다는 것이다. 피레네 산맥 너머로 펼쳐지던 광활한 대지와 이제껏 본 적 없던 짙은 녹색의 숲, 눈부시게 빛나던 하늘과 구름들. 대체 저 너머엔 무엇이 있는 걸까. 무엇 때문에 그곳에서 불어오는 바람은 이리도 풍요롭고 넉넉한 걸까. 그런 생각을 하며 꼭 한 번 스페인 땅을 밟아보리라 다짐했다. 그리고 그 땅이 키워낸 것들을 만나보고 싶었다.

그토록 찬연한 자연이 만든 것들은 도대체 어떤 맛일지, 그것을 먹고 자란 사람들은 어떤 사람들일지 궁금했다. 스페인의 땅과 바람, 비와 해의 맛을 느껴보고 싶었다. 그런 곳이라면 그동안 서울이라는 치열한 삶의 터전에서 살면서 얻었던 마음의 생채기들을 보듬고 새살이 돋게 할 수 있을 것 같았다. 그곳의 자연과 그런 자연을 닮아 조건 없이 환대해주는 사람들이 상처에 특효약인 마데카솔처럼 끈적한 연고가 되어 줄 것 같았다.

혼밥을 그만하고 싶을 때

엄밀히 따지고 보면 요리하는 과정은 음식을 식탁에 내고 난 다음에도 계속된다. 어떻게 먹느냐 하는 문제 역시 음식의 맛을 결정짓는 중요한 요소가 되기 때문이다. 누구와 함께 먹는지에 따라 맛이 달라지고 풍미가 달라지며 그날 먹었던 음식에 대한 기억도 완전히 달라진다. 만드는 사람에 따라 음식 맛이 달라지는 것을 으레 '손맛'이라 하는데, 나는 여기에 더해 함께 먹는 사람에 따라 달라지는 음식 맛을 '사람맛'이라고 말하고 싶다.

'혼밥', '혼술'이라는 말이 익숙해진 요즘, 그만큼 혼자 먹고 마시는 사람들이 많아졌다. 혼자 사는 사람들의 일상을 엿보는 예능 프로그램에서 언젠가 출연자가 했던 말이 기억에 남는다.

"혼자 밥 먹을 때 TV 없이 먹는 사람은 처음 봐요."

대체로 혼자 먹을 땐 적적함을 달래기 위해 TV 앞에 앉는다. 이러한 현상은 혼밥족들이 많이 찾는 식당에 가보면 더 확연히 알 수 있다. 사람들의 시선은 모두 TV나 휴대폰을 향해 있고 입은 기계적으로 벌린 뒤 오물오물하며 소화를 위한 동작을 이어간다.

물론 나도 혼밥을 한다. 특히 뭘 해도 엉터리 미운 오리 새끼였던 사회 초년생 시절에 나는 꾸역꾸역 혼자이려고 했다. 밥 먹을 때마저 직장 상사나 선배의 동태를 살피며 긴장하고 싶지 않았다. 또 괜한 실수로 누군가의 입에 오르내리는 것도 두려웠다. 근무 외 시간만큼은 조금 자유롭고 싶었다. 누군가는 "밥을 함께 먹는 것도 사회생활의 일부"라고 했지만 그때라도 혼자이지 않으면 만성 체기로 인해 얼굴이 하얗게 질려 죽어버릴지도 모른다는 공포가 사회 부적응자로 찍히는 일보다 더 무섭게 느껴졌다.

일단 살고 보자는 마음에 나는 자발적으로 혼자이기를 택했다. 그때는 사람들의 말을 듣는 것이 벅찼다. 과장된 말, 자기를 치켜세우는 말, 상처 주는 말, 거짓 웃음들이 사람들 사이에 많이 떠다녔다. 내게 하는 말이 아니었어도 듣기 싫은 말들을 듣고 있는 건 여간 힘든 게 아니었다. 혼자 있으면 신경 쓸 것이 없어 마음이 한결 편했고, 최소한 상처라도 덜 받겠지 하는 마음으로 혼밥을 택했던 것이다. 바쁘고 지친 날의 혼밥은 휴식이 되어주기도 했다. 하지만 다시 생각해봐도 혼자 먹었던 식사 중 지금까지 기억하는 특별한 추억은 없는 것 같다.

어떤 이는 여행을 '살아보는 것'이라고 하지만 우리의 생각은 거기서 조금 더 나아간다. 진짜 여행은 그곳에 사는 사람과 '함께 밥을 먹는 것'이다. 함께 밥을 먹는 사이에 서로가 전혀 알지 못했던 상대방의 음식 문화, 그 사람의 성격과 철학, 내밀한 일상생활, 심지어 그곳의 역사와 자연환경까지 알게 된다. 식탁은 단순히 음식을 먹는 곳이 아니며 음식 안에는 억겁의 시간과 위대한 자연과 갖가지 사람들의 이야기가 담겨 있다.

스페인의 시골 농장을 찾아가 스페인 자연의 맛을 경험하고 농장을 지키는 사람들을 만나보자는 우리의 여행 계획도 그래서 세워진 것이다. 여행객들로 가득한 관광지 주변에 있는 그저 그런 식당이 아닌, 진짜 스페인 사람들이 즐겨 먹는 식탁에서 진짜 스페인을 만나고 싶었다.

실제 우리가 여행 중에 만났던 스페인 농장 사람들은 많은 시간을 먹는 데 썼다. 아침에 일어나 가볍게 커피 한 잔을 하고 출근한 뒤 오전 열 시쯤 사람들과 함께 근처 레스토랑을 찾아 아침을 먹었다(대체로 가족들과 함께 일을 하기 때문에 가족 식사와 크게 다를 것이 없다). 이때 즐겨 먹는 것이 '판 콘 토마테Pan con Tomate'다. 거친 바게트와 믹서에 간 토마토, 그리고 올리브유가 전부인 간소한 메뉴로 먹는 방법도 간단하다. 손바닥만큼 크고 널찍한 발효빵 혹은 바게트를 굽는다. 그러고는 갈아낸 토마토를 빵 위에 골고루 바르고 올리브유를 듬뿍 뿌려 먹는다. 취향에 따라 하몬Jamón을 올려 먹기도 하는데, 우리가 만난 농장 사람들은 하몬을 선택 메뉴가 아닌 필수 메뉴로 생각하는 듯했다.

판 콘 토마테의 재료나 먹는 방법으로만 보면 과연 식사가 될까 싶지만, 빵이 꽤 커서 그런지 하나만 먹어도 금세 든든해진다. 게다가 토마토와 올리브유는 상상할 수 없을 만큼 싱그럽고 재료의 맛이 화려해서 먹는 것만으로도 기분이 좋아진다.

이렇게 단출하고 풍요로운 아침 식사를 마치고 나면 오후 두 시부터 점심을 먹고, 오후 여섯 시부터 타파스와 가벼운 알코올로 저녁을 시작하기도 하며 대체로 오후 여덟 시 이후부터는 본격적으로 저녁을 먹는다. 신나게 먹다 보면 종종 새벽을 넘기기도 하는데 이렇게 저녁 식사가 늦게 시작되고 오래도록 이어지는 것은 오후 여덟 시쯤부터 천천히 해가 지기 시작해 열 시쯤에야 완전히 어두워지기 때문도 있지만, 그런 것보다는 그저 그들이 식사 자리를 흠뻑 즐기기 때문이라고밖에 설명할 수 없을 것 같다.

우리가 만났던 스페인 사람들에게 '식사'라는 행위는 삶을 즐기는 가장 쉽고 고귀한 방법이었다. 그러니 생각해보라. 그런 그들과 매일 모든 끼니를 함께하며 몇 날 며칠을 보내고 나면 누구라도 가까워지지 않을 수 있겠는가. 그들과 함께했던 식사 시간만 합쳐도 꽤 오랜 시간이며 함께 비운 그릇과 와인 잔은 셀 수 없이 많았고, 그만큼 우리가 나눴던 이야기들은 차고 넘친다. 그렇게 우리는 그들과 함께 '밥정'을 나눴다. 돈으로 살 수 없고 어떤 책에서도 볼 수 없었던 스페인 사람들의 진짜 삶을 우리는 식탁에서 마주할 수 있었다. 우린 분명 식탁에서 친해진 친구였다. 끼니를 함께 하는 사람, 식구가 되었다.

스페인 사람들의 흔한 아침 메뉴,
판 콘 토마테 *Pan con tomate*

빵에 올리브유 '부먹'이라니. '찍먹'만이 진리라 믿었던 우리에게는 큰 충격이 아닐 수 없다. 이번엔 토마토를 갈아서 또 다시 '부먹'! 토마토는 갈았으면 마셔야 하는 것 아닌가? 하지만 오일과 토마토에 대한 편견을 깨고 나니 신세계가 열린다. 신선한 재료의 맛을 그대로 살리는 조리법. 이보다 더 스페인스러운 음식은 없다는 걸 깨닫게 된다. 앞으로 써 내려갈 다른 어떤 음식들보다 판 콘 토마테는 가장 스페인스러운 메뉴다.

재료

발효빵(혹은 바게트), 토마토, 올리브유, 마늘, 소금, 후추

스페인 사람들이 빵을 가장 맛있게 먹는 방법 1

- 빵을 바삭하게 굽는다. (혹은 먹기 좋게 슬라이스 한다.)
- 올리브유를 빵에 듬뿍 뿌려 먹는다.

스페인 사람들이 빵을 가장 맛있게 먹는 방법 2

- 빵을 바삭하게 굽는다.
- 잘 익은 토마토는 껍질을 제거하고 곱게 간 뒤 소금, 후추로 간을 한다.
- 빵의 윗면을 포크로 긁어 홈을 파낸다. 그 위로 올리브유를 붓고 자른 생마늘을 문지른다.
- 먼저 갈아둔 토마토 퓌레를 빵에 양껏 올려 먹는다.

01
하엔

반전 매력 올리브

"우리 가족은 이 레스토랑 음식을 좋아해요.

이 지역에서 만든 올리브유만 사용하는데, 맛을 보면 분명 반하게 될 거예요.

물론 그중에서도 우리 집 올리브유가 제일 맛있지만요."

● 끝없이 펼쳐진 하엔의 올리브 나무.

: 001

붉은 대지와

춤추는
올리브 나무

마드리드 공항에 도착한 뒤 비행의 피로를 풀기 위해 인근에서 하룻밤을 묵었다. 그리고 다음 날 아침 일찍 우리는 안달루시아 하엔Jaén 지역의 작은 마을 아르호니야Arjonilla로 향했다. 마드리드에서 안달루시아 방향으로 320km, 약 세 시간 정도 걸리는 거리를 고속도로를 따라 달렸다. 고속도로 밖으로 펼쳐지는 풍경은 상상했던 대평원의 그림 그 이상이었다. 도로를 중앙에 두고 양옆에 펼쳐진 스페인의 땅은 눈이 부시게 붉었다. 이제까지 '스페인' 하면 가장 먼저 떠오르는 이미지는 빨강이었다. FC바르셀로나의 유니폼이 생각났고, 국기 양 끝에 노란색과 함께 칠해진 붉은색이 눈에 선했다. 투우사의 빨간 깃발, 이글거리는 태양의 온도 같은 것들이 연상되기도 했다.

스페인 여행을 시작한 첫날 우리가 가장 먼저 목격한 것은 붉은 대지였다. 상상할 수도 없었고 이제껏 한 번도 본 적 없는 색의 땅이었다. 검붉거나 자줏빛이거나 선홍빛이거나, 여하튼 붉었다. 그것은 분명 '생명의 색'이었다.

"여기 좀 봐!"

운전대를 잡고 있던 K가 놀란 듯 짧은 함성을 질렀다. 그의 손가락 끝으로 시선을 옮겼고, 그제야 우리가 올리브 나무숲에 둘러싸여 있다는 걸 알 수 있었다. 사방이 올리브 나무였다. 양팔을 축 늘어뜨리며 무거운 듯 가지를 땅 가까이까지 내리고, 굵고 묵직한 뿌리를 깊이 박고 있는 올리브 나무가 끝도 없이 펼쳐져 있었다. 내뿜는 빛이 워낙 탁해서 연둣빛이라기보다 잿빛에 가까운, 그래서 올리브 그린이라는 말이 나왔겠다 싶은 올리브 나뭇잎들이 우리를 에워싸고 있었다. 고속도로를 달리는 세 시간 동안 우리가 본 것은 오직 그뿐이었다. 붉은 대지와 잿빛 올리브 나무.

우리 일단

밥부터 먹어요

● 가르시아 모론의 올리브 농장.

하엔, 그라나다Granada, 코르도바Córdoba, 말라가Málaga, 세비야Sevilla 등의 도시를 품고 있는 스페인 남부 지역 안달루시아의 보물은 단연코 올리브다. 안달루시아 땅에서 자란 올리브는 기원전 200년부터 로마 교황청에 공급될 정도로 최고 품질의 식재료로 알려져 있었고, 그때부터 이어진 안달루시아 올리브유의 자자한 명성은 오랜 시간이 흐른 지금까지도 여전하다. 실제로 안달루시아 도시 전체 농경지의 약 1/3이 올리브 나무로 채워져 있으며 이곳에서 1년 평균 생산되는 올리브유의 양은 100만 톤 이상에 달하고 이 수치는 전 세계 올리브유 생산량의 40%를 차지한다고 한다. 수치로 보나 품질로 보나 안달루시아는 스페인과 전 세계를 통틀어 명실상부 올리브의 도시라 말할 수 있다. 그중 하엔은 안달루시아 지역에서도 많은 양의 올리브유를 생산하고 있는 곳이다.

거기서도 더 들어간 작은 도시 아르호니아까지 찾아간 것은 160년간 대를 이어가며 올리브 농장을 운영하고 있는 가족들을 만나기 위해서였다. 지금까지 6대째 올리브 농장 '가르시아 모론Garcia Moron'을 지키고 있는 올리브 가족이 거기에 있다. 이들 농장의 전체 규모는 70만㎡에 달하고, 가장 오래된 올리브 나무의 나이는 무려 200살이나 됐으며 도합 14만 그루의 올리브 나무를 키우고 있는 역사 깊은 가족 기업이다. 지금은 90대의 아버지 후안 가르시아 페레즈와 그의 아들 후안 가르시아 마누엘, 파쿠가 함께 운영하고 있다.

우리는 첫째 아들 후안과 그의 동생 파쿠, 가르시아 모론의 직원 안나 페냐 아길레라를 먼저 만났다. "올라Hola." 가볍게 볼 인사를 하고 난 뒤 후안이 말을 건넸다.

"올리브 나무를 구경하기 전에 우리, 밥부터 같이 먹을래요?"

마침 아침도 거르고 출발했기에 시장기가 목젖까지 차올랐던 차였다. 그는 우리를 마을 호텔로 안내했다. 세계 어디를 가든 구시가지 중심가에 하나

● 아버지의 뒤를 이어 6대째 농장을 지키는 후안과 파쿠 형제.

● 두 형제의 아버지 후안 가르시아 페레즈.

쯤은 있을 법한, 벨보이는 커녕 로비 어디에서도 직원을 찾아볼 수 없는 호텔이었다. 고요한 로비에는 푹 꺼진 스프링과 축 늘어진 가죽으로 호텔의 오랜 역사를 말해주는 소파가 덩그러니 놓여 있었다.

"우리 가족은 이 레스토랑 음식을 좋아해요. 이 지역에서 만든 올리브유만 사용하는데, 맛을 보면 분명 반하게 될 거예요. 물론 그중에서도 우리 집 올리브유가 제일 맛있지만요."

후안은 자신이 만든 올리브유를 자랑하고는 멋쩍게 웃으며 걸음에 속도를 내 우리를 앞서갔다. 점심시간이 조금 지난 때라 그런지 레스토랑 안에는 아무도 없었다. 우리는 텅 빈 레스토랑 한편에 놓인 커다란 원형 테이블에 자리를 잡았다. 물론 어색했다. 스페인식 영어는 특유의 억양 때문에 웬만해선 잘 들리지 않았다. 그런데 한두 접시 음식을 맞고, 와인을 나누어 마시며 이야기를 하는 동안 귀도 마음도 조금씩 열려갔다.

"살루드! 우리는 함께 와인을 마실 때 이렇게 외쳐요. 살루드!"

살루드Salud는 스페인 말로 건강, 행복의 의미를 뜻하는 단어이기도 했다. 새롭게 접한 이들의 단어가 꽤 흥미롭게 들렸고, 우리 셋은 서로 번갈아가면서 반복해 건배를 제안했다.

"살루드! 살루드!"

오일 한 방울에서

지금까지도 가르시아 모론 가족과 함께했던 식사의 첫 번째 메뉴가 준 강렬한 인상을 잊을 수가 없다. 바게트와 올리브유, 하몬이 전부였는데 그것들이 테이블에 올라온 순간부터가 충격이었다.

후안과 파쿠, 안나는 바게트 한 조각씩을 자기 그릇에 올린 뒤 올리브유 한 통을 통째로 들었다. 그리고 후두두둑, 후두두둑. 하얀 바게트 빵의 면 위로 짙은 녹색의 걸쭉한 오일 방울이 뚝뚝 떨어졌다. 그것은 우리가 이제껏 접해왔던 '올리브유'와는 전혀 다른 것이었다. 진득한 농도에 투명한 녹색을 띠었다. 생각지도 못했던 오일의 빛깔에 한 번 놀랐고, 예상치 못한 방법으로 먹는다는 사실에 또 한 번 놀랐다. 서울에선 간장 종지 같은 작은 그릇에 올리브유와 까만 점을 찍은 듯 한 방울 떨군 발사믹을 섞어 찍어 먹었는데….

이들이 먹는 방식은 훨씬 과감했다. 이것이야말로 현지인들과 함께 먹는 식사의 메리트. 우리는 그때 비로소 올리브유를 대하는 아주 새로운 방식에 대해 눈을 떴고, 그들의 방식대로 먹어보기로 했다.

거친 바게트 위에 오일을 부었을 뿐인데 그런 바게트는 처음이었다. 아니, 그런 올리브유는 처음이었다고 말하는 게 맞을 것 같다. 오일 한 방울에서 싱그러운 풀 향기가 났다. 갓 짜낸 오렌지나 사과도 떠올랐다. 이것은 오히려 과일 주스에 가까웠다. '생생하다', '싱그럽다'는 맛 표현은 응당 이런 음식에 써야 할 것 같았다. 향기롭고 고소한 것이 실로 처음 경험해본 맛이었다. 끝 맛이 약간 맵고 알싸하게 퍼졌는데 그마저도 싫지 않고 신비롭게까지 느껴졌다. 고작 빵과 오일이 나왔을 뿐인데 우리는 벌써 흥분해버렸다. 처음 접하는 올리브유의 맛에 취해 허겁지겁 먹었고 금세 배가 불러왔다.

"더 이상은 안 돼요!"

안나가 테이블 위로 손을 휘저으며 말했다. 앞으로 나올 음식이 많은데 빵으로 배를 채울 수 없다는 것이었다. 그녀의 말대로 우리를 놀라게 할 음식들이 차례로 등장했다. 모두 올리브유로 만든 것들이었다. 삶은 콩과 잘게 썬 하몬을 올리브유에 볶은 요리, 신선한 채소에 올리브유와 화이트 비니거를 곁들인 샐러드, 약간 깊은 팬에 올리브유를 가득 채운 뒤 새우와 마늘을 함께 끓인 요리…….

올리브유가 가진 반전의 매력이라니. 어떤 음식에는 아주 듬뿍 뿌렸으며 심지어 그릇 한 가득 기름으로 흥건했지만 놀랍게도 산뜻하기만 했다. 기

● 한 접시에 담겨 나온 각종 디저트들.

름의 느끼함보다 과일의 싱그러움을 뽐내며 올리브유는 그렇게 첫 만남부
터 진한 존재감을 드러냈다.

　올리브유의 싱그러움을 마주한 것과 더불어 충격적인 장면은 디저트
가 나왔을 때 다시 펼쳐졌다. 푸딩과 치즈 케이크, 티라미수가 커다란 그릇
에 함께 담겨 나오자마자 사방에서 숟가락이 들어왔다. 농장 식구들은 아
무렇지도 않게 우리와 그릇을 함께 썼고 숟가락을 부딪치면서 디저트를 나
눠 먹었다.

　"잠깐만요! 스페인에서는 한 그릇에 담긴 음식을 함께 나눠 먹는 것을 꺼려

하지 않나요?"

놀라서 그렇게 묻자 원형 테이블에 앉은 사람들이 놀란 듯 미안한 듯 웃었다.

"기분이 나빴다면 사과할게요. 가족들과는 스스럼없이 이렇게 하는데, 초면에 이러는 경우는 거의 없어요. 그렇지만 지금까지 함께 밥을 먹으면서 많은 이야기를 나누었고 그보다 많이 '살루드'를 외쳤잖아요. 그럴 때마다 당신들이 좋아졌어요. 단순한 우리의 마음 표현으로 봐주세요."

그렇게 테이블에 앉은 우리는 함께 디저트를 떠먹었다.

뚝배기에 담긴 된장찌개도 아니고

겨우 케이크 하나 나눠 먹었을 뿐인데

테이블에 함께 앉은 우리는 좀 더 특별한 사이가 된 것 같았다.

하나의 음식은

위인전의

주인공과 같다

레스토랑을 나와 후안, 파쿠 형제와 함께 올리브 나무가 있는 농장으로 향했다. 눈앞에 펼쳐진 농장은 막연하게 떠올렸던 과수원의 모습과는 완전히 다른 것이었다. 그리 높지 않은 산 위에 능선을 따라 빽빽이 나무가 심겨 있었고, 모든 나무들이 바둑판처럼 일정한 간격을 두고 뿌리를 내리고 있었다.

가르시아 모론 농장 전체를 헤아리려면 몇 개의 산을 옮겨 다녀야 했는데 그중에서도 우리는 가장 큰 면적의 농장을 먼저 찾았다. 산 정상에서 내려다본 농장은 '광활하다'는 말이 과연 어떤 의미인지, 사전에 담긴 그 단어가 도대체 무엇을 말하려고 했던 것인지 가르쳐주는 듯했다. 저 멀리 시선의 끝에 다다르는 지평선까지 온통 올리브 나무뿐이었다.

후안은 스페인 땅에서 자라는 올리브의 종류만도 어림잡아 260여 개 정도라고 말했다. 그중 가르시아 모론이 키우는 품종은 피쿠알Picual과 아르베키나Arbequina 두 종류. 전체 농장의 80%를 차지하는 피쿠알은 하엔 지방에서 가장 많이 나는 품종으로 매운 듯 알싸한 맛이 강하고 향이 진한 것이 특징이다. 다른 품종에 비해 쉽게 산화되지 않아 고온 조리에 특히 많이 사용한다고. 아르베키나 품종은 알칼리성 토양과 척박한 땅에서도 잘 자라는데 피쿠알 품종에 비해 매운맛이 덜하고 부드러우며 달콤하다.

그런데 가만 보니, 올리브 나무가 서 있는 모습이 조금 특이하다. 세 그루의 나무가 한 팀을 이루며 서 있고, 각각 바깥 방향으로 축 늘어져 있는 것 아닌가. 사방으로 뻗은 나무는 나이 든 것일수록 더 바깥으로 퍼져 있었다. 멀리서 보면 꼭 나무가 어깨춤을 추듯 흐느적거리거나 머리를 쓸어내려 고개를 숙인 사람처럼 보이기도 했다. 우리는 왜 올리브 나무가 바둑판의 바둑알처럼 정연하게 서 있는 건지, 왜 저렇게 몸을 바깥으로 늘어뜨리고 세 그루가 한 팀처럼 모여 서 있는지 궁금했다.

"나뭇가지가 사방으로 늘어져 있는 건 가지 한 줄기에 열리는 올리브 열매의 양이 엄청나기 때문이에요."

동생 파쿠는 나뭇가지를 손가락 길이만큼 잘라 우리에게 보여주었다. 이제 막 열매를 맺어 모습을 갖추기 시작했는데, 짧은 줄기에만도 작은 올리브 열매가 빼곡히 달려 있었다. 그러니 한 그루 나무에서 나는 올리브의 수는 실로 어마어마할 터. 이렇게 많은 올리브 열매를 이고 지고 있으니, 저렇게 듬직한 한 아름 나무도 별 수 없을 수밖에. 올리브 나무는 오랜 세월 지고 있던 열매 때문에 굽을 대로 굽은 허리를 갖게 된 것이다. 굽은 허리로 나무는 생의 무게와 생명의 힘을 몸소 보여주고 있었다.

● 허리가 굽고 세 그루씩 모여 자라는 올리브 나무.

● 올리브 가지에 매달린 열매를 보여주는 파쿠.

"적정 간격을 두고 심어야 나무가 자랐을 때 옆에 있는 나무의 열매와 닿지 않아요. 올리브 열매에 상처가 나거나 서로 부딪혀서 땅에 떨어지면 맛과 향이 줄어들어 좋은 올리브유를 만들 수가 없거든요. 세 그루가 함께 서 있는 건, 물을 줄 때 더 편리하고 효율적이기 때문이에요. 한곳에 뭉쳐 있으면 비교적 적은 양으로도 세 그루의 나무에 효율적으로 물을 줄 수 있으니까요."

그러면서 그는 이것이 아주 옛날, 100년도 훨씬 전에 올리브 나무를 심었던 할아버지의 할아버지 때부터 이어져온 방법이라고 덧붙여 말했다. 후안은 그런 것들이야말로 오랫동안 이 땅에 살았던 사람들이 남기고 간 흔적, 경험, 좋은 생각들이라고 했다. 그 덕분에 지금까지 농사를 잘 지어왔던 것이고, 앞으로도 잘 이어가는 것이 그들의 몫이라면서 말이다.

그의 말대로 농장 곳곳에는 지난 시간의 흔적들이 널려 있었다. 우리가 태어나기 전 이 땅에 발붙이고 살았던 농사꾼의 물건들이 오랜 역사를 증명하며 자리를 지키고 있었다. 아주 오래전의 것들이었다. 올리브를 씻어 말리던 짚, 올리브를 짜던 맷돌과 축들. 옛날에는 항아리처럼 생긴 저장기 위에 여러 겹의 짚과 맷돌을 올려놓고 올리브를 짰다고 한다. 켜켜이 쌓은 짚으로 올리브를 짤 때 생기는 찌꺼기와 불순물을 거르고 저장기에는 농축액만 담길 수 있도록 했던 것이다.

"아버지가 젊어서 공장을 운영하던 시절에 공장 개조를 위해 건물을 부수는 과정에서 로마시대 항아리가 발견되기도 했어요. 이 땅에서 시작된 올리브유의 역사가 얼마나 오래됐는지 항아리만 봐도 알 수 있는 거죠."

그렇게 100년, 200년, 오랜 세월에 걸쳐 올리브를 가꿔 온 농사꾼들은 지금까지 안달루시아 땅에 올리브 열매를 맺게 했고 가르시아 모론 식구들이 올리브와 함께 생계를 이어갈 수 있게 해주었다. 그것뿐일까. 우리가 가르시아 모론 식구들과 함께 호텔에서 먹었던 음식들, 그것을 먹는 방법들 역시 공

● 로마시대에 사용했던 올리브 항아리. 당시에는 맷돌로 짜낸 올리브유를 항아리에 받아 저장해두었다.

장에서 발견된 항아리의 시간만큼 오랫동안 이어져 내려온 것이리라. 그런 생각을 하면 음식의 역사는 마치 위인전에 담긴 주인공들의 역사처럼 현재를 사는 우리들에게 아주 강력한 힘을 발휘하고, 그렇기에 그것들의 존재 자체가 충분히 위대하다는 생각을 하게 된다. 복잡하고 장대한 역사와 긴 생명을 이어올 수 있었던 우직한 힘이 평범한 초록빛 올리브유 병 안에도 담겨 있다.

우리가 올리브 농장을 찾았던 5월 무렵에는 올리브 나무에 꽃이 한창이었다. 올리브 꽃은 처음 보았다. 조팝나무의 꽃처럼 손톱만 하게 작고 여리고 흰 것이 수북이 피어 있었는데 단단하고 매운 올리브 열매의 성격과 달리 수수하고 보슬보슬했다.

그렇게 고운 꽃이 저물고 나면 슬슬 열매는 살을 찌우고, 열매가 단단히 여무는 11~12월쯤 수확해 올리브유를 만든다. 농장에서 따온 올리브를 깨끗이 씻어 압착한 뒤 고속 회전기로 돌려 기름과 수분을 분리해 기름만 따로 빼

내는 것이다. 후안은 이 과정에서 좋은 오일을 얻기 위해서는 두 가지 조건을 반드시 지켜야 한다고 말했다. 하나는 열매를 수확하고 운반하는 과정에서 상처가 나지 않도록 하는 것이고, 또 하나는 22도 이하로 온도를 제한해 저온에서 압착을 하는 것이다. 그래야 산화되어 오일이 변질되는 것을 막고 맛과 영양분을 그대로 담아낼 수 있다고 한다.

오일을 만드는 데 있어서 산화와 변질을 가장 주의해야 한다는 후안의 말을 들으니 오래전부터 늘 궁금했던 올리브유를 둘러싼 소문의 진상을 확인하고 싶어졌다. 평생 올리브유를 만들고 그것만 먹어왔다는 그에게서 꼭 듣고 싶은 것이 있었다.

"후안, 한국에서도 올리브유를 즐겨 먹기 시작했어요. 그런데 어떤 사람들은 올리브유를 고온에서 조리하면 기름의 산화를 부추겨 몸에 좋지 않다고 하더군요."

"모든 기름은 공기 중에 노출되면 산화되기 마련이지만 항산화 성분이 풍부한 올리브유의 경우 산화된다 하더라도 웬만한 식용유보다는 그 정도가 덜해서 안심하고 먹어도 괜찮을 거라고 생각해요."

그의 말을 정리하자면 이렇다. 어떤 재료로 만들든 모든 기름은 산소와 만나면 산화되고 변질돼 유해 물질을 만들어내지만 기존의 기름이 갖고 있는 산도에 따라 변화의 정도는 크게 달라진다. 하지만 올리브는 콩이나 옥수수 등에 비해 월등히 높은 항산화 성분을 갖고 있어 약간의 산화가 일어난다 해도 그것이 체내에 미치는 부정적인 영향이 비교적 적으리라는 것. 오히려 저급한 일반 식용유의 경우 생산성을 높이기 위해 재료를 고온에서 가열한 뒤 압착하는데 이것이 더 문제가 될 수 있다는 것이다. 그래서 그는 올리브유를 제조하는 과정에서 가장 중요한 것이 '산도'라고 말했다. 산도는 낮을수록 좋고 평균 1%를 넘지 않아야 하는데, 가르시아 모론의 오일은 0.34% 정

● 160년의 역사를 이어온 가르시아 모론의 올리브유.

도였다. 산도가 낮을수록 오일은 신선하고 원재료가 가진 영양 성분을 되도록 많이 담아낼 수 있다.

"우리 가족들을 보면 더 잘 알 수 있을 거예요. 100년이 넘도록 6대에 걸쳐 대대로 내려온 방식대로 올리브유에 튀기고 볶으며 다양하게 조리해 먹어왔어요. 그런데도 아버지는 90대 나이에 여전히 건강히 지내고, 할아버지도 아버지만큼 오래 사셨어요. 그걸로 대답은 충분하지 않을까요?"

그의 말은 축적된 시간 안에 정답이 숨어 있다는 뜻으로 들렸다. 긴긴 올리브 농사의 역사가 이어져오는 동안 시행착오를 통해 최상의 올리브유 얻는 방법을 터득하게 되었고 선대의 좋은 식습관이 이어져 건강한 삶을 영위하는 방법을 비교적 쉽게 알아냈을 것이다. 어릴 적에 읽었던 위인전에는 한 시대의 역사가 담겨 있었고 어떤 이의 지혜와 유익한 정보들이 가득했는데 후안 가족에겐 올리브 나무의 역사가, 올리브 나무를 지켜온 농장 사람들의 지혜가 위인전과 다름없었다. 그들은 늘 그것으로부터 배우고 만족하며 살아왔다.

파티의 드레스 코드는 로즈메리

"이제 저녁이나 먹으러 갈까요?"

시침이 가리키는 숫자와 눈앞에 펼쳐진 밝은 대낮의 풍경이 만든 부조화가 도무지 믿기지 않았다. 해는 여전히 하늘 위에 걸려 있었고, 태양광은 누가 봐도 오후 세 시나 네 시쯤 되어 보였다. 하지만 시계는 거짓말을 하지 않았다. 분명 후안의 말대로 오후 여덟 시, 저녁 식사를 맞을 시간이었다.

올리브 숲을 따라 20분쯤 차로 달려간 곳에 가르시아 모론 식구들의 별장이 있었다. 다만 별장이라는 단어에서 느껴지는 화려한 외양을 떠올리면 실망할지도 모를 낡고 오래된 돌집이었다. 광활한 올리브 농장을 조망할 수 있는 쉼터라는 말이 더 어울리는 소담한 건물. 우리가 도착했을 때 별장에는 농장 가족들이 모여 있었다. 후안의 부모님은 네 딸과 두 아들을 두었는데 이날은 세 자매와 후안과 파쿠 두 형제, 그들의 딸과 아들, 며느리까지 함께 자리했다. 가족의 일부만 모였을 뿐인데 집 앞뜰이 가득 찰 정도였다. 북적이는 산중 별장. 본격적인 파티를 즐기기 위한 모든 준비가 갖춰졌다.

● 가르시아 모든 가족이 한 자리에 모였다.

● 가르시아 모론 별장에서 열린 파티.

한 자리에 모인 가르시아 모론 가족들과 돌아가면서 인사를 나누는데 후안의 둘째 누나가 다가오더니 "로즈메리는 행운을 상징한대요" 라면서 우리에게 로즈메리 한 줄기씩을 선물로 주었다. 그러고는 그녀의 부모님과 형제들에게도 로즈메리를 나누어 주었다. 길쭉하게 뻗은 줄기에 얇고 가는 잎들이 풍성하게 붙은 로즈메리는 마치 월계관과 닮아 있어 파티의 흥겨운 분위기와도 잘 어울렸다. 로즈메리가 마치 파티의 드레스 코드인 것처럼 별장에 있는 사람들은 하나씩 마음에 드는 곳에 끼워두었다. 후안의 누나는 귓가에, 나는 주머니에, 할아버지는 정장 포켓에. 그랬더니 움직이고 몸을 부딪치며 로즈메리를 부빌 때마다 싱그러운 향기가 퍼져 나왔다. 로즈메리 특유의 톡 쏘는 상쾌한 향이 기분을 좋게 했다.

파티에는 의자가 따로 없었다. 음식을 한꺼번에 식탁에 올려두고 원하는 만큼 가져다 먹는 것이 그날의 룰이었다. 서서 먹고 걸터앉아 먹고 걸으면서 먹었다. 파티에 자리한 가족들 모두 느긋한 걸음으로 다니면서 함께 이야기를 나누었다. 할머니와 할아버지는 음식이 차려진 테이블에서 조금 멀리에 자리를 두고 앉아 가족들을 지켜보고 있었다. 그러다가도 잠시 먹는 걸 쉬고 있으면 다가와 더 먹으라고, 많이 먹으라고 음식들을 권했다. 할아버지는 차가운 토마토 수프 살모레호를 한입 가득 넣는 내 모습을 눈앞에서 보고 나서야 느리게 웃으며 흰 틀니를 보여주었다. 씨익.

다음은 후안의 둘째 누나가 나섰다. 나의 빈 그릇을 가득 채워주며, "파타타스 브라바스Patatas bravas"라고 말했다. 그녀가 담아준 파타타스 브라바스는 마치 고속도로 휴게소에서 즐겨 먹었던 통감자 구이와 닮은 모습이었다. 숭덩숭덩 썰어서 올리브유로 노릇하게 구운 감자 위에 칠리소스가 무심하게 뿌려져 있었다.

올리브유로 구운 감자는 보통 감자보다 흙의 기운을 흠뻑 머금고 있었는데 올리브유의 풀내음이 더해져 훨씬 짙어진 것 같았다. 파타타스 브라바스는 생김새만큼이나 꽤 익숙한 맛이었다. 무심하게 뿌려진 빨간 소스가 특히 그랬는데, 마요네즈에 파프리카 가루와 칠리 파우더를 더해 매콤하게 만든 것이었다. 마치 순한 떡볶이 소스 같기도 했고 달콤한 칠리소스 같기도 했다. 감자의 밋밋한 맛에 리듬을 주고 약간은 중독적이면서 화려한 맛을 더해주었다. 그런 매운맛이 조금 의외이기도 했다.

"이거 맵지 않아요?"

"전혀요. 맛있기만 한 걸요."

"자주 먹는 음식인가 봐요?"

"스페인 타파스 바 어딜 가도 이 음식이 없는 곳은 없을 거예요. 이것 말고도 스페인 음식에는 빨갛고 매운 음식들이 많아요."

그녀는 매운 음식을 좋아한다고 했다. 그리고 음식에 매운맛을 내는 파프리카 가루는 스페인 사람들이 가장 좋아하는 향신료일 거라고 덧붙여 말했다. 너무 좋아하는 나머지 매운맛^{Picante}, 달콤한 맛^{Dulce}으로 나눠 요리에 두루두루 쓴다고. 비교적 덜 매운 달콤한 맛 파프리카 가루는 디저트에 곁들이기도 한단다.

"장담할 수 있는데, 아마 스페인에 있는 동안 하루에 한 번쯤은 파프리카 가루로 만든 음식을 맛볼 수 있을 거예요."

정말 그녀의 말이 맞았다. 우리는 거의 하루에 한 번 꼴로 파프리카 가루로 만든 음식을 먹었다. 스페인 사람들은 그만큼 빨갛고 매운맛을 좋아했다(물론 청양고추만큼 매운맛까진 아니지만). 하물며 매콤하게 만든 국물에 생선을 넣기도 하고 콩이나 소시지, 감자 등을 넣고 푹 끓여 스튜로 내기도 했다. 가만히 보면 우리 입맛과 비슷한 점이 꽤 많은 것 같았다. 입맛이 비슷한 건 서로 닮은 구석이 많아서 그런 거라던데. 하나둘씩 새롭게 접하는 음식들에서 후안 가족과 우리 입맛의 교집합을 확인하는 순간, 그들이 좋아하는 음식을 우리도 딱 좋아하는 순간, 우리가 생각보다 더 가까운 사이가 될 수 있을 거라는 확신이 생겼다.

파에야는 파티의 하이라이트였다. 약한 불 위에서 쌀을 뭉근하게 끓이는 음식이라 파티가 시작되기 전부터 불에 올려 맨 마지막까지 끓인 뒤에야 완성되기 때문이다. 화려한 피날레를 장식할 운명을 타고난 요리인 것이다. 쌀과 닭고기, 각종 해산물, 토마토, 사프란과 육수를 함께 넣고 끓이다가 쌀이 고슬고슬하게 익을 때쯤 넉넉했던 육수는 자작하게 졸아든다. 조금 더 있으면 팬 바닥에 밥이 눅진하게 눌어붙게 되는데 이때가 바로 파에야의 절정기다. 각종 해산물과 채소, 고슬고슬한 쌀밥, 부드러운 누룽지가 함께 만나면 가장 화려한 맛을 품게 된다.

드디어 사프란의 힘을 얻어 황금빛 옷을 입은 파에야가 등장했다. 주방에서 마당까지, 팬을 들고 오는 멀리서부터 사프란의 향기가 진하게 풍겨왔다. 파에야의 등장과 함께 흩어져 있던 가족들은 향기에 이끌려 일제히 테이블 주변으로 모여들었다. 뜨겁게 달아오른 팬의 손잡이를 잡고 주걱을 휘저었더니 사프란과 육수와 해산물의 향기가 마치 종합선물세트처럼 피어올랐다. 지구상의 맛있는 건 모두 여기에 와 있는 것 같았다.

　사람들의 접시에 한 주걱씩 황금빛 파에야가 올라갔다. 육수의 감칠맛도 좋았고 닭고기와 오징어, 콩을 한꺼번에 입에 넣고 씹을 때 느껴지는 식감도 재미있었다. 부드럽다가 쫄깃하고, 마지막엔 촉촉한 쌀알이 혀뿌리까지 또르르 굴러갔다. 그중 별미는 팬과 밥의 경계에 살짝 눌은밥. 소스와 밥이 눌어붙어 더 맛이 진해지는데, 나는 짭짤하고 응축된 누룽지 같은 그 맛에 이끌려 마지막까지 팬 위를 박박 긁어 먹고야 말았다.

　　올리브 농장이 한눈에 내려다보이는 별장에서 열린 저
　　녁 파티는 넉넉했다. 가족들의 환대에 함께 있기만 해
　　도 배가 불렀고 90세 노부부의 느린 미소에 마음이 벅찼
　　다. 접시를 들고 움직이면서 함께 먹는 파티는 누구에게
　　나 열려 있었다. 제한된 테이블 구조에 갇히지 않고 더 많
　　은 사람들과 이야기를 나눌 수 있었다. 함께이다가도 단둘
　　일 수 있고, 혼자이다가도 모두가 되었다.

SPAIN TABLE : 006

스페인의 시간은

낙타처럼 굼뜨다

새로운 날의 이른 오전, 우리는 가르시아 모론 식구들과 함께 마을 초입 분수대 옆에 앉아 판 콘 토마테를 먹었다.

함께 아침을 먹고 나오는 길, 후안과 파쿠 형제는 지나가는 마을 사람들과 인사를 나누느라 바빴다. 자전거를 타던 노인은 두 형제에게 인사를 건넨 다음 굳이 자전거를 세워 한참을 서서 이야기를 했다. 마을 광장에서 만난 아저씨도 그랬고 벤치에 앉아 있던 부부도 그랬다. 대체로 어젯밤 축구 경기에 대한 이야기라든가 아버지 잘 계시냐는 등 별로 특별하지도 급하지도 않은 인사였는데 꼭 그렇게 가던 길을 멈추고 오래 이야기를 했다. 함께 걷던 우리도 덩달아 여러 번 가다 서다를 반복해야 했다. 이쯤 되면 이곳 동네 사람들의 느긋함과 수다스러움을 인정하지 않을 수가 없었다.

한 번은 이런 일도 있었다. 쌍무지개가 떠오른 날이었다. 우리는 아주 느리게 걷는 두 할아버지를 보았다. 두 사람은 주변에서 무슨 일이 일어나는지는 신경도 쓰지 않는 듯 대화에 심취해 있었고, 앞으로 나아가기까지 꽤 오랜 시간을 들였다. 어딘가로 가야 한다는 목적을 담은 걸음이 아니라, 마치 이야기의 장과 장을 바꾸기 위한 쉼표로써 한 걸음 한 걸음을 떼는 듯했다.

왜인지는 모르겠지만 나는 그런 그들의 속도를 보며 아름답다는 생각을 했다. 보는 것만으로도 몸 구석구석 긴장된 근육이 풀어지는 것 같았다. 그런 그들의 느린 걸음을 사진에 담아 오래도록 보고 싶었다. 그리고 두 사람의 보폭이 프레임 안으로 들어오기를 한참 기다렸다가 겨우 사진 한 장을 얻을 수 있

● 느리게 걷는 사람들.

었다. 그 사진을 볼 때마다 나는 그들의 걸음이 호사스러웠다고 생각한다. 방향이나 속도가 없던 걸음. 그것은 사실 우리가 성인이 되고 무언가를 이뤄야 한다는 짐을 짊어지고 난 뒤에는 한 번도 제대로 가져보지 못한 걸음이었다.

생각해보면 서울의 시간은 토끼처럼 빠르게 지나갔고, 그 시간에 맞춰 살아야 했던 나는 분주했으며 늘 어디에서 어딘가로 움직여야 했다. 지나가는 사람들에게 괜한 인사를 건네 아까운 시간을 허투루 쓰고 싶지 않다는 다분히 실용주의자적인 생각도 있었던 것 같다. 그런 반면 가르시아 모론 식구들이 사는 동네의 시간은 낙타처럼 굼떴다. 누군가 지나가면 꼭 인사를 해야 하고, 한 발 한 발이 느긋하며 다음 발을 안 내디더도 전혀 문제될 것

이 없었다. 일을 하다가도 한번 수다가 터지면 선 채로 얼마간 시간을 보내기 일쑤였다. 느린 걸음, 여유로운 자전거 페달질. 그런 그들을 보니 나도 덩달아 느리게 걸으며 인사를 하고 싶어졌다. 아파트 경비 아저씨, 매일 출근길에 마주치던 노란 머리 여자, 데면데면하던 회사 후배에게 조금 걸음을 늦추고 먼저 다가가 "안녕"을 건네고 싶었다.

두 형제와 동네를 함께 걸으며 지나는 사람들과 이야기를 나눈 것이 한 일의 전부였는데 벌써 오후 두 시, 점심 때가 되었다. 우리는 작은 식당 바깥에 펼쳐진 플라스틱 간이 식탁에 둘러앉았다. 가르시아 모론 형제들과 함께하는 마지막 식사가 될 자리였다.

올리브 절임과 삶은 달팽이가 먼저 올랐다. 비니거로 담근 올리브 절임에서는 찝찔한 맛이 났다. 올리브 특유의 맵고 알싸한 맛과 비니거의 신맛이 만나 만들어낸 맛이었다. 달팽이는 손톱만큼 작은 것으로, 다슬기처럼 쏙쏙 빼먹는 재미가 있었다. 아르호니야 동네에선 작은 달팽이들이 꽤 흔했다. 마트 해산물 코너에 가면 한 통 가득 담아 5유로도 안 되게 판매할 만큼 저렴하고 보편적으로 먹는 식재료였다. 쏙쏙 달팽이를 빼 먹다 보니 된장 푼 물에 푹 삶은 다슬기를 먹던 어릴 적 일들이 떠올랐다. 할머니네 집 툇마루에 앉아 초록빛 다슬기를 호로록호로록 빼 먹으며 쌉싸래한 맛에 취해 순식간에 껍데기를 쌓았던 기억. 비릿한 강물과 강가 흙의 기운이 함께 느껴지던 그때의 다슬기. 빠른 들숨으로 달팽이를 흡입하니 바닷물에서 맛보았던 짠 기운이 들어왔다. 올리브의 찝찔함과 달팽이의 짭짤함이 의외로 잘 어울렸다. 꽤 나 짜릿한 시작이었다.

그 다음은 '풀포 파타타스Pulpo Patatas'. 지금까지도 잊을 수가 없는 나의 베스트 메뉴. 풀포Pulpo는 문어, 파타타Patata는 감자라는 뜻으로 두 재료를 함께 올려낸 것인데, 손이 많이 가거나 화려하지 않으면서도 그 맛은 꽤 풍성하고 다채롭다. 부드럽게 익힌 감자와 얇게 저며 올린 삶은 문어 위에 올리브유와 파프리카 가루를 뿌린 것이 전부인 요리다. 먹을 때는 감자와 문어를 함께 집어 한 번에 입으로 넣어야 한다. 첫입에 올리브의 알싸하고 싱그러운 맛이 퍼지고 부드러운 감자와 쫄깃한 문어에서 느껴지는 바다의 맛이 묘한 삼박자를 이룬다. 간혹 훅 치고 들어오는 훈연의 향은 파프리카 가루의 활약. 그야말로 한입에 부드럽고 담백하면서 싱그럽고 매콤한 맛을 모두 느낄 수 있었으

며 바다와 땅과 열매의 맛이 한데 모이는 듯했다. 특별한 조미료나 화려한 기술 없이 완성해낸 이 맛이야말로 스페인의 비옥한 땅과 풍부한 일조량이 만들어낸 자연의 맛이 아닐까. 스페인에서 겪은 첫 이별의 맛은 스페인의 땅과 바다와 열매가 만든 풍요로운 자연의 맛이었다.

5월 어느 날의 오후, 우리는 가르시아 모론 식구들과의 마지막 점심을 끝으로 작별 인사를 했다. 짧은 며칠 동안 그들이 차려준 밥상에서 우리는 새로운 세상의 것들을 꽤 많이 보았다. 올리브유를 다루는 방법과 과거를 기억하는 방식, 그리고 시간을 낙타처럼 쓰는 법까지. 스페인에서 만난 첫 번째 식구를 통해 알게 된 아주 새로운 세상이었다.

말라가로 가는 길, 실버 라이닝

일주일 동안 올리브 나무에만 둘러 싸여 있어서 그런지 탁 트인 바다가 보고 싶어진 우리는 남쪽 방향, 자동차를 타고 두 시간 30분 거리에 있는 휴양지 말라가로 떠났다. 그날따라 날씨가 유난히 더 좋았다. 폭신폭신한 하늘을 바라보는데, 한 덩어리 구름 틈으로 금빛 테두리가 반짝이는 게 보였다. 저건 말로만 듣던 실버 라이닝Silver Lining!

분명 실버 라이닝이었다. 시련 가운데서도 희망은 찾아온다는 뜻의 영단어. 구름 뒤에 빛이 있는 형상을 비유적으로 표현하며 비록 지금 어두워도 그 뒤에 찬란한 해가 있음을 가리키는 말. 나는 이 말을 데이비드 러셀 감독의 영화 〈실버 라이닝 플레이북〉을 통해 처음 알게 된 뒤 단어가 가진 뜻과 표현의 아름다움에 푹 빠져버렸다. 괜한 희망 고문이나 터무니없는 긍정주의 아닌가 하는 생각도 했지만, 평범한 매일의 하늘을 보며 그토록 아름다운 생각을 하고 멋진 단어를 떠올릴 수 있다는 것만으로 충분히 감동적이었다. 또한 그런 단어를 떠올리는 사람이라면 이미 어두운 시간을 이겨낼 수 있는 아름다운 마음을 가졌으리라고 생각했다. 그 후로도 나는 종종 인생의 어두운 터널을 지나고 있다는 생각이 들 때면 '실버 라이닝'이란 단어를 떠올리며 스스로를 위로했다.

K와 M, 이들과 함께 스페인을 오기 전까지 나의 일상은 먹구름으로 가득했다. 일에 지쳤고 주변 사람들의 말과 무심하고 이기적인 마음들로 더러 상처도 받았으며 누군가에게 이용되고 아무렇지도 않게 외면당하기도 했다. 그런 현실이 너무 깜깜하고 답답해서 도망치듯 스페인행 비행 티켓을 끊었던 것이다. 그런데 이 땅에 발을 내린 지 얼마 되지도 않아 나는 먹구름 가득했던 세상을 잊게 되었다. 매일 황홀한 마음으로 지내기에도 하루가 짧았다.

실버 라이닝. 나는 그 말이 좋다. 누군가는 처음에 내가 그랬던 것처럼 지나친 긍정주의라고 생각하며 쉽게 무시할 수도 있겠지만, 적어도 그 말이 갖는 힘과 아름다움에 대해서만큼은 속는 셈치고 조금만 믿어보라고 말하고 싶다. 인생이 온통 먹구름뿐이라고 생각할 때 그중 하나쯤은 뒤에 뜨겁고 눈부신 해를 숨기고 있을 것이다. 그리고 그것이 밖에서 부는 바람의 힘으로 살짝 움직일 때, 누구도 눈치채지 못한 사이에 뜨거운 해가 깜짝 카메오처럼 등장하며 강렬한 빛으로 주변을 밝힐 것이다.

내게 그 빛은 K와 M이라는 친구들이었고, 스페인이라는 뜨거운 땅이었으며 그곳에서 만난 스페인 식구들이었다. 나는 바람을 타고 이 땅에 온 뒤로 한 차례 먹구름을 지나 보냈다. 그리고 실버 라이닝과 마주하고, 다시 빛의 한가운데로 달려가고 있었다.

뚱뚱한 구름이 가득하던 하늘 길에 언제부턴가 갈매기가 등장하기 시작했다. 드디어 푸에르토 데 말라가Puerto de Màlaga 항구에 도착한 것이다. 선착장이 바로 보였고 선착장 너머 저 멀리에는 하얀 관람차가 돌아가며 관광지의 위상을 뽐내고 있었다. 말라가 해변까지 뻗은 산책길은 여유로웠다. 대서양을 낀 바다는 맑은 민트색을 뽐내며 느리게 너울지고 있었고 헤엄치는 물고기들이 훤히 들여다보일 만큼 투명했다. 태양은 작열했고 모래사장은 맨발로 밟으면 화상을 입을 것처럼 뜨거웠는데 사람들은 그곳에 누워 열기를 즐기고 있었다. 바닷물은 목욕탕 온탕의 온도와 흡사했다. 무더위 한여름에도 꼭 41도 온수로 샤워를 해야 하는 내게도 바닷물이 뜨끈할 정도였으니 말이다.

부산 해운대에는 포카리스웨트를 닮은 파란 파라솔이 있고 일본 오키나와에는 환타를 닮은 오렌지 파라솔이 있었는데, 말라가 해변에는 푸석푸석한 짚으로 만든 거친 파라솔이 줄지어 서 있었다. 바닷가에는 사람들이 많았다. 짚으로 만든 파라솔 아래는 빈자리를 찾기 힘들었고 모래사장 위의 사람들은 출렁이는 바닷물을 밟으며 비치볼이며 캐치볼을 하고 있었다. 말라가 해변은 아주 뜨겁고 그곳의 사람들은 활동적이었다. 그렇다고 한여름 해운대처럼 발 디딜 틈 없이 붐비는 건 아니었다. 여유를 즐기기에 적당한 소란이었다.

말라가 해변에서 가장 유명한 음식은 숯불에 구운 청어다. 모래사장 위에 작은 숯불 장치를 만들고 그 위에 청어를 구워내는 것. 이곳의 청어 구이가 유명한 이유를 꼽자면 올리브 나무로 만든 숯을 피워 기름 많은 청어에 숯향이 더해진다는 것, 해변을 바라보며 먹는 청어의 맛에 바다의 정취가 더해져 좀 더 특별하게 느껴진다는 것이다.

● 말라가 항구 풍경.

그렇지만 나는 청어 구이보다 프리투라 말라게냐Fritura Malagueña 가 더 사랑스러웠다고 말하고 싶다. 멸치, 한치, 붉은 숭어 등의 작은 생선과 오징어, 새우 등 해산물을 튀긴 말라가식 모둠 튀김인데, 레몬즙을 뿌린 뒤 먹으면 상큼한 향과 짭짤한 생선 튀김 맛에 절로 기쁨이 샘솟는다. 작은 생선들의 맛이 꽤 담백하기 때문에 식사 대용으로 먹어도 좋고 화이트 와인이나 맥주

● 말라가 해변에서 여유를 즐기는 사람들.

에 함께 곁들이면 환상의 조화를 이룬다. 계속 먹다보면 닭 튀김보다 더 매력적인 생선 튀김의 진가를 알게 된다.

여기에 또 하나, 엔살라다 말라게냐Ensalada Malagueña. 으레 생각하는 샐러드의 맛과 비주얼을 살짝 빗나간 것인데, 한마디로 말하면 감자를 주재료로 한 샐러드다. 염장한 대구인 바칼라우를 먹기 좋은 크기로 으깬 뒤 올리브, 오렌지, 양파, 파프리카 등의 재료를 한데 담은 것. 생선이 들어간 샐러드라고 하면 조금 이상하게 들릴지 모르겠지만 실제로 한번 맛을 보면 생선도 채소만큼이나 싱그럽고 명료한 맛을 낸다는 걸 알 수 있을 것이다.

가르시아 모론 농장
Add Carrera de San Roque, 12-
23750 Arjonilla Jaén
Tel +34 953 52 00 12

말라가 레스토랑 Louge Plaza
Add Paseo del Muelle Dos, Local
54, 29001 Málaga, España
Tel +34 952 21 35 14

● 프리투라 말라게냐.
● 엔살라다 말라게냐.

● 청어 구이.

올리브유에 끓인 새우와 마늘, 감바스 알 아히요 *Gambas al ajillo*

한국에서는 파에야 다음으로 가장 유명한 스페인 음식, 감바스 알 아히요. 식탁 위에 올라오고서도 제법 시간이 흘렀지만 주물 팬은 뜨겁다. 여전히 파르르 끓고 있는 올리브유에 빵을 푹 담가 한입. 새우와 마늘 하나를 빵에 올려 또 한입. 입천장 한 꺼풀 벗겨지는 일쯤은 가볍게 웃어넘긴다. 양심적으로 기름이 이렇게 맛있지는 말자!

재료	손질한 새우, 올리브유, 마늘, 페퍼론치노, 파슬리, 레몬, 파프리카 가루, 셰리주 (혹은 화이트 와인), 소금, 후추

만드는 법

- 뜨거운 온도를 오래 유지할 수 있는 주물 팬을 준비한다.
- 주물 팬에 올리브유를 2/3쯤 담는다. (팬에 '가득' 담은 올리브유는 결코 많은 양이 아니니 부담감은 애초에 버려두길.)
- 팬에 얇게 저민 마늘 역시 양껏 넣는다. 이때 중요한 것은 아주 약한 불을 유지할 것. (성격 급하게 센 불에 올렸다가 올리브유는 다 타버리고 마늘은 기름에 닿는 순간 숯으로 돌변한다. 이미 달궈진 주물 팬과 기름의 온도는 좀처럼 내려가지 않을 테니 적어도 30분간은 처치곤란. 약불! 명심하길 바란다.)
- 마늘이 기름을 머금은 듯 색이 투명해지면 페퍼론치노 몇 알을 손으로 부숴 넣는다.
- 소금과 후춧가루로 밑간해둔 새우살을 넣는다. 새우가 분홍빛으로 변하기 시작하면 파프리카 가루 약간, 그리고 셰리주를 한 바퀴 휙 두른다.
- 이렇게 5분간 끓여내면 모든 재료의 맛이 올리브유에 잔잔히 스며든다.
- 마지막으로 레몬 제스트와 다진 파슬리 한 움큼 넣어 고루 섞으면 완성이다. 다시 한 번 강조하지만, 제발 약불. 약불.

후안네 해산물 파에야,
파에야 데 마리스코스 *Paella de mariscos*

'스페인 어디를 가도 매일 최고의 파에야를 만날 수 있을 거야'라는 생각은 틀렸다. 파에야는 스페인에서도 특별한 날에 먹는 음식이다. 파에야의 종주도시인 발렌시아가 아닌 곳에선 더더욱 그렇다. 그런 음식이거늘, 하엔의 후안 식구들은 우리를 위해 해산물을 듬뿍 올린 파에야를 내주니 감동이 두 배다. 커다란 팬에 투박하지만 푸짐하게 담겨 나온 파에야. 맛과 열이 고르게 퍼진 그 맛이 진하고 쫀쫀하다.

재료

파에야용 쌀(재스민), 사프란, 닭고기, 양파, 마늘, 누에콩, 토마토, 빨간 파프리카, 새우, 홍합, 오징어, 피시 스톡, 올리브유, 레몬 웨지

만드는 법

- 넓은 파에야 팬에 기름을 두르고 닭고기를 노릇하게 굽는다.
- 다진 양파, 다진 마늘, 누에콩을 넣고 육수를 팬이 가득 찰 정도로 붓는다. (육수는 어떻게 만들었는지 물어보니 쿨하게 돌아온 대답. 시판용 '스톡'을 쓰란다. 명쾌한 대답에 웃음이 터진다. 그렇지, 가정집에서 직접 육수까지 내려면 보통 큰일이 아니지.)
- 육수가 끓으면 씻은 쌀과 사프란, 숭덩숭덩 썬 토마토를 넣고 다시 끓인다.
- 여기서부터는 불 조절이 핵심. 약불에서 열이 고르게 퍼지도록 해야 한다. (리조토처럼 육수를 조금씩 넣어가며 익히는 방법이 아니고 한 번에 몽땅 다 넣고 그대로 조리하기 때문이다.)
- 처음 한두 번만 저어 섞은 뒤 그대로 뭉근하게 약 20분 동안 쌀을 익힌다.
- 쌀이 고슬고슬하게 익으면 빨간 파프리카, 새우, 홍합, 오징어 등을 넣고 포일로 덮어 해산물을 익힌다. 해산물이 뱉어낸 육수가 파에야의 간을 완성하니 소금 간은 조심한다.
- 큼직하게 자른 레몬 웨지를 몇 개 올린다.

감자와 칠리소스,
파타타스 브라바스 *Patatas bravas*

'Triple Cooked Potato with Paprika Aioli(세 번 익힌 감자와 파프리카 마요네즈 소스)'. 호주 멜버른에 살 때 제일 좋아하는 스페인 레스토랑에서 매번 주문했던 메뉴다. 이름은 거창한데 단순히 말하면 감자튀김과 소스다. 다만 삶고 오븐에 굽고 기름에 튀기는 세 번의 조리 과정 덕분에 감자가 바삭함의 끝판왕으로 거듭난다는 게 다르다고 할까. 그것만으로도 이미 맛있는데, 파프리카 가루와 여러 재료를 마요네즈에 섞어서 찍어 먹으라고 주니, 이건 뭐 한 번 손이 가면 멈출 수가 없다.

스페인에서 만난 후안의 가족들이 이 요리를 내어주었다. 확실히 멜버른에서 먹었던 것보다는 더 단정하고 가벼운 맛이다. 그때는 맥주 안주였다면 지금은 화이트 와인 안주로. 감자를 다 먹으니 와인이 남고, 와인을 다 마시니 감자가 남아 벗어날 수 없는 무한 루프에 봉착한다. 망했다.

재료	감자, 올리브유, 다진 양파, 다진 마늘, 매운 파프리카 가루, 토마토, 레드 와인 식초, 마요네즈, 소금, 후추

만드는 법	• 감자를 대충 썰어 아삭한 정도로만 삶는다.
	• 한 김 식힌 감자를 팬에 올려 올리브유로 바삭하게 튀겨낸다.
	• 뜨거울 때 바로 소금을 뿌려 간을 한다.
	• 다른 팬에 다진 양파와 다진 마늘을 올리브유에 달달 볶다가 매운 파프리카 가루를 넉넉히 넣고 조금 더 볶는다.
	• 토마토는 끓는 물에 데쳐 껍질을 벗긴 뒤 블렌더에 담는다. 여기에 레드 와인 식초, 소금, 후추, 마요네즈 그리고 방금 볶은 양파와 마늘을 넣고 아주 곱게 갈면 소스 완성.
	• 체에 한 번 걸러주면 더 부드러운 소스를 만들 수 있지만 이 과정은 생략 가능하다.
	• 바삭한 감자 위에 소스를 뿌린다.

하얀 돼지고기에 더해진 빨간 하몬이 돋보이는 플라멩킹. 플라멩코를 추는 여인의 풍성한 치마를 닮았다고 해서 붙여진 이름이다. 한국의 롤까스에는 대체로 치즈가 들어가는데 안달루시아식 롤까스 플라멩킹에는 치즈 대신 하몬이 핵심 재료가 된다. 치즈 못잖은 꼬릿한 향은 중독성이 있고, 하몬이 가진 진한 숙성의 맛은 치즈의 그것보다 한 수 위다.

| 재료 | 돼지 안심, 하몬, 밀가루, 달걀, 빵가루, 올리브유, 소금, 후추 |

만드는 법

- 돼지 안심을 넓게 편 뒤 소금과 후추로 밑간을 한다.
- 하몬은 잘 펴서 돼지 안심 위에 꼼꼼하게 올려 돌돌 만다.
- '밀, 달, 빵', 튀김 기본 스텝에 돌입. 돌돌 만 고기에 밀가루 옷을 입히고, 달걀물 입히고 빵가루를 묻힌다. '달'과 '빵'의 과정을 한 번 더 반복하면 더욱 바삭하고 견고한 튀김옷을 만들 수 있다.
- 프라이팬에 올리브유를 넉넉하게 두른 뒤 롤까스를 살살 굴려가며 튀긴다. 겉이 타지 않고 속이 고루 익을 수 있도록 기름의 온도를 조절하는 것이 핵심. 너무 센 불은 피하자.

감자 위에 문어,
풀포 아 라 가예가 콘 파타타스 *Pulpo a la gallega con patatas*

문어와 감자. 이 둘을 함께 먹어본 적이 있던가. 풀포 콘 파타타스는 문어를 대하는 아주 새로운 방법이다. 주 재료인 감자와 문어만 잘 삶아내면 성공률 99%. 최소의 재료를 쓰고 각 재료의 풍미를 최대로 끌어올린 아주 소박한 음식이다.

문어 삶는 이야기를 조금 더 하자면, 한국에서 으레 삶는 방법과 스페인 사람들의 방식이 좀 다르다. 우리는 부드럽고 쫄깃한 식감을 유지하기 위해 되도록 빠르게 약 5분이면 끝내지만 스페인에선 꽤 오랜 시간을 들인다. 생물 문어를 하룻밤 얼렸다가 다음 날 해동하는 것부터 시작, 해동된 문어를 끓는 물에 담갔다 빼기를 네 번 정도 반복해서 문어 껍질이 벗겨지는 걸 방지한다. 다시 끓는 물에 약 한 시간 동안 삶는다. 오랜 시간 조리해서 문어의 촘촘한 조직을 무너뜨리는 것이 스페인 사람들의 방식이다. 식감은 쫄깃하기보다 부드럽다. 둘 중 어느 방법으로 삶아도 맛있다. 그렇다면, 나는 귀찮으니 한국 조리법대로 하련다.

재료	문어, 감자, 소금, 말린 고추, 파프리카 가루, 올리브유, 월계수 잎

만드는 법	• 물에는 소금을 넣어 충분히 간을 하고 월계수 잎과 말린 고추 서너 개를 넣고 끓인다.
	• 끓는 물에 문어를 넣어 살짝 데치고 한 김 식혀둔다.
	• 문어 삶은 물에 두툼하게 슬라이스 한 감자를 넣고 익힌다.
	• 삶은 감자는 접시에 깔고 먹기 좋게 저민 문어를 그 위에 듬뿍 올린다.
	• 올리브유와 굵은 소금은 적당히 뿌리고 파프리카 가루를 무심하게 톡톡. 완성이다. 별것 없는데 감칠맛이 폭발한다.

밀리의 말라가식 감자 샐러드, 엔살라다 말라게냐 *Ensalada malagueña*

본래 말라가 샐러드는 오렌지와 삶은 달걀, 그린 올리브 그리고 염장한 대구살이 감자 곁을 든든히 지킨다. 감자로 만든 샐러드 치고는 조연들이 꽤 화려하다. 말라가 해변에서 접한 독특한 샐러드를 밀리 스타일대로 만들고 싶어졌다. 숙소로 돌아와 냉장고를 열어보니 달걀과 대구가 없다. 대신 새우, 버섯, 토마토가 보인다. 염장한 대구를 요리에 쓰려면 최소 며칠은 물에 담가두어야 하니 하는 수 없이 새우를 들고 냉장고 문을 닫는다. '대신'이라는 말이 어처구니없이 들릴 테지만 요리에는 정답이 없다.

재료가 조금 달라져서 그런지 말라가 해변에서 먹었던 샐러드보다 조금 더 가볍고 상큼하다. 어찌됐든 말라가 샐러드의 핵심인 감자와 오렌지는 들어갔으니 변형된 말라가 스타일 샐러드라고 괜히 한 번 우겨본다. 이것이 밀리 스웩.

재료 감자, 오렌지, 새우, 버섯, 토마토, 올리브, 올리브유, 셰리 식초, 소금, 차이브

만드는 법
- 감자는 껍질을 벗긴 뒤 듬성듬성 썰어 삶아둔다.
- 새우는 프라이팬에 노릇하게 굽고 버섯도 살짝 볶아둔다.
- 토마토와 오렌지는 큼직하게 썬다.
- 준비된 재료와 올리브를 그릇에 올리고, 올리브유와 셰리 식초, 소금을 약간 뿌린다.
- 차이브도 송송 썰어 뿌리면 완성.

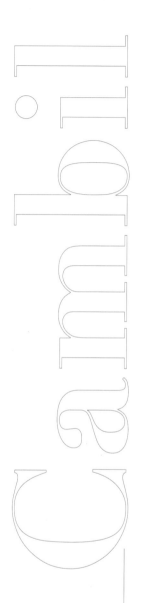

Cambil

02

캄빌

염소 치즈와
밍밍한 가스파초

못 말리는 하쉔 사람들 그들은 그렇게 함께, 먹는 것을 좋아한다.
그날의 광경을 마주한 이후, 나는 종종 밝고 열정적인 스페인 사람들이 힘의 원천이
함께 먹는 밥상에서 나오는 것이 아닐까 하는 생각을 했다.

스페인 산촌 ——————— 사람들

"어디에 사세요?"라는 말. 처음 만난 사람과의 어색함을 깨기 위한 틀에 박힌 질문 중 하나인데, 나는 이 질문의 효력을 꽤 신뢰하는 편이다. 사는 곳이 바다인지 산인지, 강남인지 강북인지, 신축 건물인지 오래된 건물인지, 대로변인지 골목인지 등 재산의 규모와는 상관없이 사는 곳에는 그 사람의 단면들이 묻어 있다. 사는 곳을 스스로 선택할 수 없는 아동기와 청소년기에는 그 사람의 많은 것들이 사는 곳이 남긴 요소들에 영향을 받고, 어느 정도 선택할 수 있는 나이가 되면 그의 취향과 삶의 방향에 맞춰 사는 곳이 완성된다.

그런 맥락에서 나는 스페인 여행 중 꼭 산에 사는 사람들을 만나고 싶었다. 비교적 완만한 지형을 가진 스페인에서 맑은 바다와 끝없는 대지는 흔하지만 높고 거친 산은 쉽게 볼 수 없고 특별하기 때문이다. 거친 산속으로 들어간 사람들은 어떤 사람들일까. 그들이 중요하게 생각하는 것, 그들의 삶은 어떤 모습일지 궁금했다.

시에라 마히나Sierra Mágina는 안달루시아 하엔을 대표하는 산이다. 인근에서 가장 높은 고도를 자랑하고 산세도 깊은 만큼 본래의 자연과 과거 문화 유물이 잘 보존되어 있어 자연 국립공원으로 지정된 곳이기도 하다. 우리는 마히나 산에서 자라는 올리브 나무와 그것과 함께 사는 농장 사람들을 보기 위해 산속 작은 동네 캄빌Cambil을 찾았다. 차로 올라가는 길, 꽤 오랫동안 귀가 먹먹했고 거친 돌들로 이뤄진 산의 얼굴을 정면으로 마주하며 말로만 듣던 마히나 산의 위용을 확인할 수 있었다. 거친 오르막길은 한참 동안 이어졌다.

● 깊은 산속에 자리한 캄빌 마을 풍경.

마히나 사람들과의 첫 만남. 농장의 이름은 '트루할 데 마히나Trujal de Mágina'. 농장 입구에는 청바지와 셔츠 차림을 한 일곱 명의 스페인 아저씨들이 한 줄로 서서 손을 흔들고 있었다. 그들은 서로 비슷한 분위기를 풍겼다. 머리가 희끗하고 배가 좀 나와 셔츠 단추가 금방이라도 터질 것 같았고 수시로 얼굴 표정을 바꾸며 짓궂게 웃는 사람들이었다. 인사를 위해 한 명씩 악수를 하는데 손아귀 힘이 너무나 강력해서 몸이 휘청거릴 뻔했다. 푸근한 시골 아저씨와 소년의 천진함이 엿보이던 얼굴과는 다르게 의외로 강력한 손에서 나는 문득 시골의 밭매는 할머니들이 떠올랐다. 금방이라도 쓰러질 것처럼 흰 허리를 지팡이로 떠받치고 비틀거리며 걷다가도 밭을 맬 때는 제일 힘이 좋고 손끝이 야문 사람들. 그런 할머니들처럼 아저씨들의 손아귀에서도 농부의 옹골찬 힘이 느껴졌다.

손은 거칠고 단단했다. 그 무게와 힘은 뭐랄까, 장인의 것이라 할 수도 있을 것 같았다. 변화하는 세상에 개의치 않고 자신의 일에만 몰두하는 우직한 마음과 집념, 거친 환경에서 보낸 고된 시간들이 쌓여 만들어진 인내. 그런 것들이 딱딱하게 굳어 제 살처럼 스며들어 있었다. 거친 돌산의 얼굴이 그들의 손 안에도 담겨 있었다.

● 트루할데마히나 농장 사람들.

태양의 포옹을
마주하는 순간

유기농 올리브 농장 '트루할 데 마히나'는 조합으로 운영된다. 캄빌 인근에 터를 잡고 사는 마을 사람들이 함께 만든 단체인데, 개인 부지의 올리브 농장에서 올리브를 재배한 뒤 조합에서 함께 수확하고, 조합의 공장에서 오일을 만들고 판매하는 과정도 모두 공동 작업으로 이루어진다. 소규모 농장들이 인력과 시설을 함께 쓰고 도우면서 효율적으로 운영할 수 있는 방법을 찾아낸 것이다.

이들은 이전까지 일반적인 농법을 이어오다가 1990년대 후반부터 땅의 체질을 개선해 자연 농법으로 바꿔 유기농 재배를 시작했다. 자연 친화적인 농법을 통해 시에라 마히나 국립공원의 생태계를 보존하고, 더 건강하고 질 좋은 먹을거리를 만들면서 주변 농장과 차별화를 두기 위해 시작한 것이다. 올리브 유기농법은 몇몇 조합원을 시작으로 주변 농장까지 확대되어 규모를 키워왔고, 지금은 95명의 조합원이 함께하고 있으며 약 5만 5천 그루의 올리브 나무를 유기농으로 키우고 있다.

● 높은 산 경사면에 자리한 올리브 농장.

첫 번째로 찾아간 농장은 마누엘 로페즈 로페즈 아저씨네. 마을 사람들
은 그를 '마놀로'라고 불렀다. 뿌연 흙먼지를 날리고 연신 엉덩방아를 찧으
며 도착한 산꼭대기 농장. 산중에 굽이굽이 펼쳐진 농장은 불과 며칠 전에 봤
던 가르시안 모론의 농장과는 완전히 다른 모습이었다. 경사진 산 위에서
도 나무들은 꼿꼿이 서 있었고, 아주 높은 곳에 자리해 있어 농장에서 바라
다 보이는 풍경이라곤 맞은편에 우뚝 선 산봉우리가 전부였다.

"여기는 해발 1000미터 정도 되는 곳이에요. 높은 지대에 있는 만큼 기온차
가 크죠. 그래서 일반적인 올리브와 비교했을 때 열매는 크지 않은 대신 그만

큼 더 응축돼 있어 맛과 향이 진해지는 거예요."

13세기에서 15세기 동안 마히나 산은 이슬람 왕국인 그라나다와 기독교 지역인 카스티야 사이에 자리해 있어 각 세력의 요충지 역할을 했다. 시에라 마히나라는 이름 역시 '영혼의 산'이라는 뜻으로 이슬람의 언어에서 온 것이다. 농장의 중심에 선 마놀로 아저씨는 동쪽 산의 절벽을 가리켰고, 그곳에는 13세기 무어인들이 안달루시아 지역을 지배할 때 지었던 고성이 자리를 지키고 있었다.

"당시 무어인들은 적들이 쉽게 공격할 수 없도록 산이 높고 깊은 곳에 들어와 터를 마련했어요. 아주 오래전의 일이지만 지금도 캄빌 동네를 오가다보면 무어인들의 흔적을 곳곳에서 찾아볼 수 있죠."

농장에 서서 보이는 것은 오래전 무어인들의 흔적, 산과 나무와 하늘뿐이었다. 사방이 산줄기로 둘러싸여 있었고 하늘은 훨씬 더 가까이 있었다. 하늘에 가까워진 만큼 태양의 존재도 강하게 느껴졌다. 태양의 열기는 등에서부터 찾아왔다. 등으로 어깨로 정수리로, 뜨끈한 기운이 스며들자 곧 발끝까지 노곤함이 밀려왔다. 다리에 힘이 풀렸고, 나는 그만 산에 깔린 풀을 방석 삼아 철퍼덕 주저앉아버렸다. 초콜릿처럼 찾아오는 달콤한 낮잠의 초입, 눈꺼풀이 무겁게 떨어지며 눈을 감았다. 주변의 잡다한 소리는 멀어져갔고 다만 청아한 새의 지저귐만이 남았다. 새는 날고 해는 나를 안았으며 구름은 느리게 흐르며 우리를 지켜봤다. 감은 눈, 까막한 세상에선 강렬한 태양의 불빛이 가스등처럼 희미하게 반짝였다. 깜빡깜빡. 그 빛을 따라갈수록 정신은 더 아득해졌다.

자연 속으로 들어와 가장 행복한 순간은 바로 이럴 때다. 매일 보는 지구의 구성 요소들의 양과 농도와 질이 너무 짙어 순식간에 온몸으로 훅 들어와버리는 순간. 그때 우리는 어찌할 수 없는 자유를 느낀다. 애써 비교하자면, 빠른 속도로 하강하는 바이킹에서 두 팔을 벌려 숨을 깊게 들이마실 때 느껴지는 상쾌한 기분 같은 것 말이다.

이 산에 뿌리를 박고 자라는 올리브 나무들의 기분이 혹시 이런 것일까. 이렇게 자유롭고 행복한 풍경 속에서 살고 있는 올리브 나무라면 그 열매도 달콤할 수밖에 없으리라. 행복한 올리브가 만든 진한 오일을 흡수하면 덩달아 나도 기뻐질까. 최소한 산 정상에서 온몸으로 받아들였던 태양의 부드러운 포옹의 맛을 느낄 수는 있겠지.

모든 생명들이
서로를
——— 키워내는 곳

아저씨들과 함께 마히나 산 곳곳의 농장을 구경할 때마다 꼭 들르는 곳이 있
었는데 그곳은 바로 물 저장소였다. 작은 저수지쯤 되는 곳이었는데 가득 담
긴 물을 볼 때마다 아저씨들은 "아구아, 아구아Agua" 하고 외치며 더없이 행복
한 표정을 지어 보였다. 아구아는 '물'이라는 뜻이다.

  지금은 땅 밑에 배수로를 연결해서 물을 끌어다 쓰지만 물 수급이 어렵
던 옛날에는 농장 인근에 물 저장소를 만들어 빗물을 담아 나무에 물을 줬다
고 한다. 높은 산중으로 물을 끌어다 쓰는 것도 힘든 일이었고 뜨거운 태양
이 내리쬐고 강수량이 적은 기후 때문에 늘 물이 넉넉지 않았는데, 그럴 때마
다 저장소에 담겨 있던 물이 큰 역할을 해주었다는 것이다. 물을 보며 마냥 좋
아하는 그들의 표정에서 농부의 간절한 마음이 느껴졌다. 저장소에 담긴 물
의 수위에 따라 갈라졌다가 촉촉해졌다가 했을 아저씨들의 표정이 저절로 그
려졌다. 우리는 물을 좋아하는 아저씨들을 따라 몇 번이고 물 저장소를 찾

왔고, 그럴 때마다 아저씨들은 물장구를 치고 물수제비를 뜨며 연거푸 '아구아 세리머니'를 선보였다.

"물이 없었으면 우리도 없었으니까요."

아저씨들의 말이 전적으로 옳았고 그렇기에 그들의 물을 향한 애정 표현을 보는 일은 몇 번이고 좋았다.

마지막으로 찾아간 곳은 후안 데 디오스의 농장이었다. 경사진 산비탈에 있던 다른 아저씨들의 농장과 비교해 평평한 지대에 자리해 있었는데, 조금 달랐던 것은 올리브 나무 사이로 양들이 떼 지어 몰려다니는 것이었다. 후안 아저씨가 농장을 둘러 크게 쳐놓은 울타리를 열고 들어가니 양들이 먼지를 일으키며 순식간에 모여들었고 아저씨를 졸졸 따라다녔다.

"이곳에선 따로 나뭇가지를 치거나 잡초를 뽑지 않아요. 자연이 흘러가는 방식대로 내버려두죠."

● 유난히 물을 좋아하는 농장 아저씨들.

그러니까 후안 아저씨의 농법은 이런 것이었다. 양들은 올리브 나무 옆에 자라는 잡초를 먹고 산다. 그렇기 때문에 나무 주변의 잡초를 따로 뽑거나 제초제를 쓰지 않아도 되고 올리브 나무는 땅의 양분을 더 많이 흡수할 수 있게 된다. 또 잡초를 먹고 난 양이 똥을 싸면 그 똥은 다시 올리브 나무에 좋은 비료가 되어 돌아간다.

무엇보다 신기한 것은 함께 지내는 양들 때문에 올리브 나무가 가지를 한정 없이 늘어뜨리지 않고 스스로 길이를 조절하며 자란다는 것이다. 그러니까 양이 고개를 들어 닿을 만큼 가지가 길게 자라면 양은 나뭇가지를 먹이로 생각해 뜯어 먹는다. 그렇게 계속 먹다보면 올리브 나무는 생명의 위협을 느껴 스스로 땅 가까이까지 가지 않고 적정선에서 성장을 멈추게 되니 따로 가지치기를 할 필요가 없어지는 것이다. 그렇게 자연은 저들끼리 알아서 잘 크고 서로가 자라나는 것을 돕는다. 물론 이것은 다른 아저씨들의 농장에서도 적용하는 방법인데, 양이 없는 농장에서는 주로 마히나 산에 살고 있

● 올리브 나무와 양들이 함께 사는 후안 데 디오스의 농장.

는 야생동물의 힘을 빌린다.

어떤 면에서든 트루할 데 마히나 농장 사람들은 올리브를 키우는 데 있어 인위적인 과정을 최소화하려고 노력한다. 태초의 자연이 그랬던 것처럼 모든 생명들이 서로를 키우고, 사람은 그 과정을 약간만 도울 뿐인 것이다. 이것이 마히나 아저씨들이 생각하는 좋은 식재료를 만들기 위한 최선의 방법이다. 억지로 만들지 않고, 일방적인 자연의 희생을 바라지 않으며 함께 살아가고 더불어 일궈가는 것.

완벽한 크레셴도를 이룬 저녁

우리는 저녁 만찬을 위해 산속 깊은 곳에 자리한 호텔 '라스 아구아스 데 아르부니엘Las Aguas de Arbuniel'로 이동했다. 이런 곳에 관광객이라 불리는 사람들이 오기는 할까 하는 생각이 절로 드는 산속 깊은 곳, 한적하고 구석진 자리에 있는 호텔이었다.

우리는 호텔 앞뜰에 있는 긴 테이블에 앉았다. 발아래에서는 나지막히 흐르는 물소리가 들렸고, 맞은편에는 길게 뻗은 산길을 따라 빠르게 움직이는 작은 산동물들이 보였다. 퇴장의 때를 기다리며 뉘엿거리는 늦은 오후의 해가 만든 빛줄기 사이로 풀들이 반사되어 투명한 연둣빛이 시야를 꽉 채웠다. 눈앞에 펼쳐진 것들은 과연 천국의 모습이었다.

천국의 모습을 닮은 산속에서 맞이하는 저녁의 첫 맛은 언제나 그렇듯 올리브 절임과 올리브유, 그리고 바게트였다. 씨를 빼고 푹 절인 브라운 올리브와 잿빛 올리브는 밤하늘 별처럼 그릇 안에서 반짝거렸다. 올리브 절임은 무조건 화이트 와인과 함께 곁들여 먹어야 한다. 깨물 때마다 터지는 올리브의 신맛과 왠지 쇠막대기에서 날 것 같은 약간의 찝찔한 맛이 화이트 와인의 산미와 아주 잘 어울리기 때문이다. 둘의 조화는 온몸의 세포를 깨웠고, 어떨 땐 그 맛이 강렬해서 가끔 어깨를 파르르 떨게 만들었다. 잔을 높이 들 차례. 우리는 와인 잔을 부딪치며 스페인 사람들의 건배 구호인 '살루드'를 외쳤다.

● 식사의 시작은 언제나 살루드.

● 색색의 올리브 절임.

이어지는 메뉴는 스페인의 대표 음식이자 특히 안달루시아 지역 사람들이 즐겨 먹는 콜드 수프 살모레호였다. 토마토와 마늘 베이스의 '아호 살모레호Ajo Salmorejo'와 아몬드와 마늘 베이스의 '아호 블랑코Ajo Blanco' 두 종류의 수프가 등장했다. 보통은 수프를 그릇에 담고 마지막에 올리브유를 뿌려내는데, 이들은 오일 대신 오일 캐비어를 올려냈다. 오일 캐비어는 트루할 데 마히나 농장 식구들이 개발한 독특한 제형의 올리브유인데 캐비어처럼 동그란 모양의 캡슐이 혀 위를 데구루루 굴러 들어오다가 힘을 주면 '톡' 하고 터져 산뜻한 풀향을 입 안에 가득 채웠다. 액체형 오일보다 더 상쾌하고 신선한 기운이 스며들었고 보기에도 훨씬 예뻤다. 빛에 반사된 올리브유 캡슐은 진주보다 더 빛났다.

● 올리브 캡슐과 아호 살모레호.

● 포타헤 데 비힐리아.

　다음 수프는 포타헤 데 비힐리아Potaje de vigilia. 포타헤는 우리말로 '걸쭉한 수프 혹은 농도가 진한 수프'를 뜻하고, 여기에 병아리콩, 염장한 대구 바칼라우와 같은 생선을 함께 끓인 것이다. 파프리카 가루와 토마토로 빨간빛과 매콤한 맛을 냈고 근대를 넣어 구수하고 달콤한 맛이 났다. 병아리콩의 포슬포슬한 식감이 서양 음식의 분위기를 물씬 풍겼는데, 바칼라우와 근대 덕분인지 언뜻 보면 우리의 칼칼한 생선찌개와도 꽤나 흡사했다. 해장용으로도 손색이 없을 정도로 얼큰하고 진한 맛이 났다. 하마터면 해장 후에 '크으' 하고 속 깊은 곳에서 시작된 외마디 감탄사가 터져 나올 뻔했으니 말이다.

　사실 아르호니야와 캄빌 농장에서 경험했던 식재료 중 올리브와 하몬 다음으로 가장 많이 접했던 것은 콩이었다. 하엔 사람들은 리마콩, 병아리콩, 렌틸콩, 누에콩 등 다양한 종류의 콩을 즐겨 먹는데, 특히 수프와 튀김 등에 병아리콩을 넣어 만든 요리가 무척 흔했다. 농장 사람들은 병아리콩을 '느린 음식'이라고 말했다. 적어도 여덟 시간 밤새도록 물에 담가두어야 부드럽게 조리되고 비교적 오랜 시간 뭉근하게 끓여야 하기 때문이다. 느리면서 오랫동안 뜨겁게 끓는 것이라. 그 말을 듣고 보니 왠지 스페인 농장 사람들과 병아리콩이 조금 닮은 것도 같기도 했다. 급할 것이 없고 오랫동안 뜨거운 사람들.

한참 식사 자리가 무르익을 때쯤 후안 데 디오스 아저씨가 뒤늦게 합류를 했다. 농장에서 키우는 양을 직접 잡아 오느라 조금 늦었다는 아저씨는 한 손에 큰 쟁반을 들고 걸어 들어왔다.

"아까 농장에서 봤던 새끼 한 마리를 잡아왔어요. 3개월 된 어린 양이니 아주 부드러울 거예요."

후안 아저씨는 덧붙여 양고기를 제대로 즐기는 방법도 알려주었다.

"처음에는 오븐에 구워서 노릇하게 먹고, 남은 살코기들은 모아서 수프를 끓이는 거예요. 월계수 잎과 말린 고추를 넣어서 매콤하게 끓여 먹으면 정말 좋아요."

우리는 앞서 여러 접시를 비워냈기에 충분히 배가 부른 상태였지만 이날의 파티를 위해 애써 양을 잡아 온 후안 아저씨의 호의를 그냥 넘길 수가 없었다. 낮에 농장에서 인사를 나눴던 어린 양에게는 미안한 마음도 들었지만 아저씨의 살가운 마음을 생각하면 달게 먹는 것이 아저씨에게나 어린 양에게나 보답하는 것이라고 생각했다.

후안 아저씨는 하얀 바게트 빵 위에 기름이 잘 빠진 양고기 구이를 올렸다. 오븐에 노릇하게 구운 양고기는 기름기가 쭉 빠져 담백했고 아저씨의 말대로 결결이 찢어지는 어린 양의 살코기도 매우 부드러웠다. 은근하게 코에 와닿는 육향이 양고기의 진득한 맛을 살려주었고, 텁텁하면서 중후한 레드 와인은 여기에 참으로 잘 어울렸다.

● 후안 데 디오스가 만든 양고기 스테이크.

시간의 흐름에 따라 차례차례 등장하는 음식들은 점점 짙고 풍성해지

면서 완벽한 크레셴도를 이루며 테이블을 둘러앉은 모든 사람들을 만

족시켰고, 더 많은 이야기의 발판이 되어주었다. 이야기는 점점 무

르익었고 아저씨들의 장난기도 크레셴도를 이뤄 점점 더 거세져갔

다. 그럴 때마다 우리는 더 많이 웃고 더 많이 먹었다.

일상 에너지의 원천,

밥심

쨍그랑. 식사가 무르익을 때쯤 M이 실수로 와인 잔을 떨어뜨리고 말았다. 그러자 식탁에 앉은 아저씨들은 일제히 작전이라도 짠 듯 의자에서 벌떡 일어나 "살루드! 살루드!" "알레그리아! 알레그리아!" 하고 큰 소리로 환호성을 외치고 두 팔을 벌려 하늘 쪽으로 뻗으며 요란을 떨기 시작했다. 이건 또 무슨 장난일까. 의외의 반응에 당황한 우리는 어리둥절했다.

"스페인에서는 잔 깨는 걸 좋은 징조로 여기나요?"

이들이 그토록 호들갑스럽게 기뻐했던 것은 잔을 깨뜨린 사람이 미안해하지 않게, 오히려 지금부터 더 재미있는 일이 일어날 거라고 주의를 돌리는 일종의 매너이자 의식이었다.

"그럼 '알레그리아Alegria'라는 말은 무슨 뜻인데요?"

"아주 기쁜 마음을 표현할 때 쓰는 감정 표현 같은 거예요."

정말이지, 흥으로는 둘째라면 서러워할 사람들이었다. 이토록 기쁨이 넘치는 사람들에게 넘치도록 기쁜 감정의 상태를 표현하는 단 한마디 단어가 존재한다는 게 얼마나 다행스러운 일인지 모른다. 그날 이후 내게 '알레그리아'라는 말은 스페인 사람들의 흥과 즐거움, 상대를 배려하는 마음을 대변하는 강렬하고도 명백한 정의어로 남았다.

양껏 먹고 이야기를 나누다보니 시간은 어느덧 자정을 넘기고 있었다. 우리는 졸린 눈을 꿈뻑이며 앉아 있다가 더 이상은 버틸 자신이 없어 엉덩이를 들썩이기 시작했다. 하지만 아저씨들은 여전히 기운이 넘쳤다. 그들은 아직 끝내긴 이르다며 우리를 잡아 앉혔다.

"그럼 이렇게 끝내는 게 아쉬우니 식후주라도 마시고 가요."

이들에게 식후주는 식사의 마침표와 같은 것이었다. 처음 아르호니야에서 마셨던 식후주는 커피와 캐러멜향이 진하게 풍기는 것이었는데, 이번엔 노랗고 빨간 빛깔을 띄는 예쁜 술이었다. 시럽형 감기약처럼 달콤 쌉쌀한 식후주의 맛은 꼭 함께 나눴던 즐거움의 여운과 헤어질 때의 아쉬움이 깃든 우리들의 마음과도 같았다.

새벽까지 밥을 먹는다는 건 결코 쉬운 일이 아니었다. 밤새 야근하며 책상에는 앉아 있어봤어도 밤늦도록 밥상에 앉아 있는 건 처음이었다. 긴 식사 자리가 익숙지 않았던 터라 몸에선 점점 힘이 풀려갔고 배 속 가득 들어찬 음식과 와인의 영향으로 정신은 몽롱해져갔다. 졸음으로 희미해지는 정신을 겨우 부여잡으며 숙소로 돌아가던 길에 우리는 잠을 번쩍 깨울 만한 놀라운 장면을 목격하고 말았는데, 마을 안 어떤 집에서는 여전히 한창 저녁 식사를 이어가는 중이었던 것이다.

그때가 새벽 한 시를 넘긴 시간이었는데, 테이블 위에 올린 촛불에 의지하며 너덧 명의 가족들이 식탁에 앉아 밥을 먹고 있었다. 물론 마히나 산의 아저씨들이 그랬던 것처럼 그들의 얼굴에서도 지친 기색을 찾아볼 수 없었다. 못 말리는 하엔 사람들. 그들은 그렇게 함께, 먹는 것을 좋아한다.

그날의 광경을 마주한 이후, 나는 종종 밝고 열정적인 스페인 사람들의 힘의 원천이 함께 먹는 밥상에서 나오는 것 아닐까 하는 생각을 했다. 하루 한 끼도 허투루 보내지 않는 사람들이니 적게는 세 끼, 많게는 다섯 끼를 매일 완벽하게 먹게 되면 적어도 하루에 세 번씩은 꼭 즐거운 시간을 갖게 되는 것일 테니 말이다. 그러고 보면 스페인 사람들에게도 분명 '밥심'이 존재한다. 맛있는 것을 함께 먹고, 함께 먹는 사람들과 마음을 나눌 때 좋은 기운을 얻으며 그것이 곧 일상 에너지의 원천이 되는 식구의 위력, 밥심 말이다.

마음의 허기가
채워지는 것 같았다

새로운 날 후안 아저씨는 점심을 함께 먹자며 우리를 집으로 초대했다. 마히나 산 중간 어디께, 주변에는 아무것도 없었고 후안 아저씨의 집만 등대처럼 홀로 덩그러니 서 있었다. 그의 집 옆에는 작은 농장이 있었고 거기에는 닭, 토끼, 양, 염소, 돼지 같은 동물들이 모여 살았다. 이들 가족은 주로 농장에서 나오는 달걀로 간단한 끼니를 해결하고 염소의 젖으로 치즈를 만들거나 토끼를 잡아 후안이 제일 좋아하는 토끼고기 스튜를 메인 요리로 만들어 먹는다. 조금만 더 걸어가면 밭이 있고, 거기에는 타임, 로즈메리 같은 허브와 종류별로 다양한 콩이 빽빽이 심어져 있어 필요할 때마다 곧잘 따먹기도 한다. 여느 농촌의 시골집처럼 많은 부분을 자연에 기대어 자급자족으로 먹고사는 가족이었다.

● 마히나 산속에 홀로 서 있는 후안의 집.

우리가 후안의 집을 찾은 시간은 대략 정오 즈음이었는데, 집 안은 해 질 녘처럼 꽤 어두웠다. 불 켜진 곳은 없었고 작은 창문을 통해 들어오는 빛이 전부였다. 그는 산으로 전기를 끌어오는 일이 쉽지 않기 때문에 되도록 낮에는 불을 켜지 않는다고 했다. 후안의 가족들은 기술이 응집해 있는 도심과 훨씬 떨어진 곳에서 도시 사람들이 누리는 혜택과는 약간의 거리를 둔 채 살고 있었지만 이들 가족의 표정은 도시의 어떤 가족보다 훨씬 더 평온하고 안정적이었다.

"스페인에서는 손님이 오면 남자와 여자가 하는 일이 따로 있어요. 여자가 부엌에서 요리를 하는 동안 남자는 하몬을 썰죠."

일반적인 가정을 가보면 대체로 부엌이나 식재료 창고에 하몬을 두는데, 하몬을 써는 일은 주로 남자들의 몫이라는 것이다. 후안 아저씨는 말이 끝나기가 무섭게 부엌 뒷방으로 가서 하몬을 썰기 시작했다. 검은 천을 걷어내자 빨간 속살을 비추는 하몬이 모습을 드러냈고, 아저씨는 긴 칼을 눕혀 하몬 슬라이스를 얇게 떠서 한 장 한 장 내어주었다.

그러는 동안 그의 부인 안나는 부엌에서 분주히 움직이며 음식을 준비하고 있었다.

● 하몬을 써는 후안과 부엌에서 음식을 준비 중인 안나.

부엌 작업대 맞은편에 자리한 벽난로에는 염소 치즈를 만들기 위해 냄비에 가득 담은 염소젖이 흰 김을 뿜으며 끓고 있었고, 가스레인지 위 팬에는 갓 볶은 하몬과 콩 줄기, 바삭하게 구운 토끼고기가 있었다. 부엌에서 보이는 것이라고는 화구 두 개의 작은 가스레인지와 벽난로, 커다란 법랑냄비와 주물 팬, 플라스틱 치즈 틀과 잡다한 그릇들이 전부였지만 그렇다고 절대 만만하게 볼 수 있는 부엌은 아니었다. 단출하지만 오랜 농장 생활의 흔적들이 담긴 도구들에서 그녀의 살림 내공을 느낄 수 있었다.

안나는 부엌 구경에 흠뻑 빠져 있는 우리를 불러 모아 식탁에 앉혔다. 그리고 그녀가 직접 만든 염소 치즈와 살치촌, 가스파초를 내어주었다. 구멍이 송송 나 있고 작은 삼각형 모양으로 썰어낸 치즈 위에 올리브유를 뿌렸는데, 생각했던 것보다 꽤 담백하고 부드러웠으며 손으로 집으면 기분 좋게 말랑거렸다. 우리는 안나의 염소 치즈에 반해 순식간에 한 그릇을 비웠다. 그녀는 그런 우리의 호들갑을 예측이라도 했다는 듯 여유롭게 웃으며 다시 치즈를 썰어 그릇에 가득 담아주었다. 염소 치즈는 그대로도 충분히 훌륭했지만 올리브유를 뿌려 함께 먹고 바게트에 올려 먹거나 후안 아저씨가 썰어준 하몬과 곁들여 먹기도 했다.

우리는 부드럽고 고소한 염소 치즈의 매력에 단번에 빠져버렸고 순식간에 먹어치웠다. 한 그릇 가득 채워지면 재빨리 비우고 또 다시 비워내면서 손바닥 두 뼘 반 정도 되는 커다란 염소 치즈 한 통을 그 자리에서 모두 해치워버렸다.

염소 치즈와 쌍벽을 이룬 건 스페인식 소시지 살치촌Salchichón이었다. 살치촌은 돼지 지방과 살코기를 섞은 뒤 소금과 후추로 간을 하고 돼지 내장에 넣어 건조시켜 만든 소시지다. 건조되면서 숙성된 고기는 독특한 향미를 내고 후추의 홧홧함이 고기의 누린내와 느끼함을 잡아준다. 그런데 안나의 살치촌은 스페인 현지의 마트나 레스토랑에서 판매하는 시판용 제품과 비교하면 확실히 달랐다. 일단, 돼지 내장에 끼워 넣은 살코기가 빽빽하지 않고 헐헐하게 담겨 있어 씹기에 좋았고 포슬포슬 부드러웠다. 게다가 보통 시판용 소시지보다 기름기가 많지 않고 고기가 덩어리째 들어가 있어 살코기를 씹는 듯 풍성하고 훨씬 담백했다. 계속 먹어도 느끼하지 않고 질리지도 않았다. 무엇보다 집에서 만든 것인 만큼 옆구리 터진 김밥처럼 돼지 창자를 뚫고 울퉁불퉁 속 재료가 터져 나왔는데, 오히려 그것이 더 정겹고 안나의 손길이 느껴져서 좋았다.

안나는 살치촌에 열광하는 우리가 다 먹을 때까지 기다렸다가 다락층으로 안내했다. 계단을 따라 올라간 곳에는 빨갛게 말린 고추와 살치촌, 초리

● 모두를 감동시킨 안나의 염소 치즈.　● 예쁘지 않아 더 좋았던 안나의 살치촌.

조, 하몬이 짚으로 엮여 매달려 있었다. 그것들은 공기 속에서 깊은 맛을 얻는 중이었다. 어릴 적 시골집에 놀러 가면 툇마루 위 천장에 메주와 고추, 옥수수 같은 것이 매달려 있었는데 그때의 풍경과 비슷한 것이었다. 시골집 할머니는 사 먹는 건 맛이 없다고, 뭘 넣고 만드는지 모른다며 된장, 고추장, 간장처럼 음식의 기본이 되는 재료는 직접 담가 먹어야 한다고 말하고는 했는데 안나 역시 할머니처럼 매일 먹는 것들은 직접 만들어 먹는 게 더 좋다고 했다. 그중에서도 가장 중요한 식재료는 역시 하몬을 비롯한 햄과 소시지였다.

"하몬이 떨어지면 절대 안 돼요. 늘 집에 하몬이 있어야 안심이 돼요. 이것들은 모두 우리가 직접 잡은 돼지를 부위별로 자른 뒤 소금으로 염장한 거예요. 지금은 잘 말려 숙성시키는 중이고요."

"그런데 이것도 하몬이에요?"

익히 봤던 뒷다리가 아닌 네모나게 각진 모양의 햄이 있었다.

"돼지 뱃살 부위로 만든 거예요. 뒷다리로 만드는 하몬과 달리 뼈도 없고 얇아서 오래 염장하지 않아도 되죠. 뱃살은 살코기와 지방이 골고루 붙어 있어서 더 고소하고 맛있어요."

사실 이날의 식사에서 후안에 관한 기억은 거의 없다. 온통 안나의 느긋한 미소와 염소 치즈, 살치촌에 대한 기억뿐이다. 그녀의 손맛에 살짝 정신을 놓은 것도 있었지만 사실은 안나의 음식에서 말캉거리는 무언가를 느낄 수 있었기 때문이다. "많이 먹으라"는 말, 음식에 코를 박고 허겁지겁 먹는 우리를 보며 느긋하게 미소를 짓던 얼굴, 많은 이야기를 나누지 않았지만 여유롭게 음식을 내어주던 손과 느리고 부드러운 눈빛. 그녀가 건네는 따뜻한 마음의 온도를 벅차게 느낄 수 있었다.

그녀가 기꺼이 썰어주던 염소 치즈와 살치촌에는 많은 말과 마음이 담겨 있었던 것 같다. 단지 치즈와 소시지만 먹었을 뿐인데 우리는 위로를 받

● 천장에 매달아놓은 말린 고추와 각종 햄들. 어쩐지 한국의 옛 풍경이 떠오르기도 한다.

● 후안 데 디오스 가족.

은 후에 찾아오는 평안함을 느낄 수 있었다. 치즈와 소시지에는 안나의 곡진함이 묻어 있었고, 그것을 꼭꼭 삼키고 차곡차곡 저장하고 나니 마음의 허기가 채워지는 것 같았다. 안나는 포근하고 따뜻했다. 높이와 폭신한 정도가 딱 알맞은 베개 같은 사람이었다. 그런 그녀와 함께 있는 것만으로 힘이 났고, 그런 시간들이 우리에겐 진짜 휴식 같았다.

그랬기에 식사를 모두 끝내고 헤어질 준비를 할 때는 그 어떤 때보다 아쉬운 마음이 커져서 괜히 눈물이 날 것 같았다. 아줌마는 글썽이는 나를 세게 끌어안고 두 볼에 진하게 뽀뽀를 해주었다. 그리고 다시 한 번 더 꽉 잡아 안고 손바닥으로 등을 쓸어내리면서 "괜찮다, 괜찮다Está bien"라고 말해주었다. 눈물을 참으며 안나를 안고 있을 때 그녀의 어깨 너머로 까만 비구름이 몰려오는 게 보였다. 구름은 어두웠고 바람은 거세져 머리카락을 날리기 시작했다.

곧 한차례 비가 올 것 같았지만 나는 이제 그런 것들이 아무렇지도 않았다. 안나의 온기 가득한 음식들로 이미 허전했던 마음이 따뜻하게 데워졌고 다리에 기운이 좀 생겼기 때문이다. 그녀가 염소 치즈와 초리조에 담아준 온기와 힘을 기억한다면 까만 비구름이 몰고 올 어둠쯤은 잘 건더낼 수 있을 것 같았다. 용기가 좀 생기는 것 같았다.

보편적 토끼고기와

밍밍한 가스파초

● 가스파초를 만드는 후안의 아들.

우리는 안나의 부엌을 다녀온 이후 그녀의 음식이 얼마나 감동적인 것이었느냐에 대해 얼마간 계속 이야기를 나누었다. 안나의 손맛과 레시피는 우리에게 큰 화젯거리로 남았고, 특히 안나의 토끼고기 스튜와 밍밍한 가스파초에 대해선 더더욱 그랬다. 사실 우리가 그 집을 찾았을 때 부부의 두 아들이 테이블에 앉아 가스파초를 함께 만들고 있었는데, 그것은 우리가 익히 알고 있던 빨간 빛깔의 가스파초와는 완전히 다른 모습을 하고 있었다. 으레 가스파초는 토마토와 빵을 걸쭉하게 갈아낸 뒤 그 위에 오이며 양파, 콩 등을 올리는데 두 아들이 만든 가스파초는 빨간색이 아닌 투명에 가까웠다.

"그런데 이거 우리가 알고 있는 그 가스파초 맞아요?"

나는 질긴 바게트를 북북 찢고 있던 큰아들에게 물었다.

"맞아요. 우리 집에선 이렇게 만들어 먹어요."

두 아들은 넓은 그릇에 으깬 토마토와 손으로 찢은 바게트를 넣고 그 위에 납작하게 생긴 초록색 콩을 올렸다. 여기에 물과 식초, 올리브유로 적당히 맛을 내 완성했다. 물과 식초가 담긴 그릇에는 초록색 콩들이 둥둥 떠다녔다. 색으로 보나 들어간 재료로 보나 밍밍한 맛이 날 것 같았다. 생김새가 그러니 맛이 무척 궁금해졌다. 역시나 보이는 것과 마찬가지로 일반적인 가스파초와는 꽤 다른 맛이었다. 차라리 오이냉국에 더 가까웠으며 새콤한 식초에 콩과 토마토와 빵이 씹히면서 재료의 맛이 그대로 느껴졌다. 그런데다 젖은 빵의 식감은 더욱 기분을 이상하게 만들었다. 나중에야 알게 된 것이지만, 원래 가스파초는 걸쭉하기보다 묽고, 일관적인 조리법이 있는 것이 아니라 각자의 취향과 입맛을 담은 요리라고 한다. 12세기 무렵 무어인들이 스페인 남부를 지배할 당시부터 즐겨 먹었던 차가운 수프로, 덥고 건조한 날씨를 이겨내기 위해 만든 일상 음식이었다. 주변에서 쉽게 구할 수 있는 채소를 모아 잘게 썰고 식초와 약간의 마늘을 넣어 섞은 뒤 차갑게 식혀 빵을 잘라 넣어 먹었던 것이다. 그렇게 탄생한 가스파초는 오랜 기간에 걸쳐 각 가정의 기호에 맞게 다양한 방식으로 발전했고 후안과 안나 가족의 방식은 맑고 밍밍한 것으로 이어져 내려왔다.

"우리 오늘 저녁은 안나 아줌마가 가르쳐준 음식들을 만들어보는 거 어때요?"

M은 밍밍한 가스파초와 더불어 토끼 요리도 욕심이 난다고 했다. 한국에선 쉽게 접할 수 없는 재료이기도 하고 우리에겐 꽤 생소한 메뉴이기 때문이다. 그러고 보니 꽤나 특별한 밥상이 될 것 같았다. 어떤 요리에서도 쉽게 만나볼 수 없는 맛일 거라는 확신이 있었다. 스페인 안달루시아 하엔 지방의, 하엔 중에서도 아주 산골 동네인 캄빌에 사는 시골 아줌마의 투박한 맛을 서울 연희동에서 온 M의 손으로 재현해 보이는 것이니 말이다.

"그런데 토끼고기를 쉽게 구할 수 있을까?"

K의 말대로 재료 수급이 걱정이었다. 안나 아줌마는 집 옆 농장에서 바로 잡아서 쉽게 만들 수 있었지만 어디

토끼고기가 흔하겠는가 말이다. 그런데 이게 웬걸. 동네 마트의 육류 코너에는 돼지고기, 소고기, 양고기와 함께 토끼고기가 떡하니 한 자리를 차지하고 있었다. 살코기뿐 아니라 머리와 내장 등 육수용 고기도 있었고, 조리 용도에 따라 부위별로 판매를 하기도 했다.

"토끼고기를 즐겨 먹는 사람은 후안 아저씨뿐만이 아니었나봐."

역시 그랬다. 우리가 토끼고기를 주문하는 동안에도 몇 사람이나 더 토끼를 주문했고, 양고기보다 토끼고기가 더 많은 자리를 차지하고 있는 걸 보니 K의 말이 아주 틀린 것도 아닌 듯했다.

스튜용으로 손질해달라고 주문하고는 그것과 함께 쓸 재료들을 차례로 바구니에 담았다. 각종 햄과 하몬을 주로 판매하는 코너에서는 다양한 하몬들이 돼지 품종별, 건조와 숙성 기간별로 각각 다양한 가격대로 나뉘어 진열돼 있었다.

그게 끝이 아니었다. 냉장 보관되어 있는 하몬 가공품의 수도 꽤 다양했다. 다양한 종류의 하몬을 슬라이스 해놓은 패키지는 기본이고, 깍둑썰기하여 먹기 좋게 담아둔 패키지들이 썰어놓은 크기별로, 햄의 종류별로 갖춰져 있었다. 처음 접하는 가지각색 하몬들의 퍼레이드를 보며 우리는 그저 고개를 끄덕이고 혀를 내두르기만 할 뿐이었다. 역시 하몬의 나라였다.

"이걸 넣고 밥을 한번 지어볼까?"

● 종류별로 나란히 진열되어 있는 하몬.

　큐브로 작게 잘려 있는 하몬 패키지를 들며 M이 말했고, 이건 어디서도 듣지 못했던 M만의 아이디어였다. 그동안 우리가 만났던 스페인 식구들은 큐브 하몬을 주로 콩과 함께 올리브유에 볶았는데, M은 우리의 입맛에 맞게 밥에 넣어 함께 지어보자고 제안을 한 것이다.

　"염장이 되어 있으니 짭짤하게 간도 될 것 같고, 익힌 하몬에서 약간 누린내가 날 수도 있으니 마늘도 함께 넣는 거야."

　그러고 보니 우리가 스페인에 와서 먹었던 쌀밥이라고는 파에야 한 번이 전부였다. 넘치는 스페인 음식들 속에서도 우리는 어쩌면 고향의 밥상과 비슷한 쌀밥을 그리워했는지도 모른다. 고기 먹고 면 요리까지 해치우고 나서도 꼭 밥으로 마무리해야 한 끼 식사를 제대로 했다고 생각하는 어쩔 수 없는 한국인의 피가 불쑥 고개를 들었다. M의 새로운 레시피가 무척 반가웠다. 하몬과 마늘을 더한 쌀밥이라. 그 조합은 어떨까. 새로운 음식은 역시나 우리의 호기심과 식욕을 자극했다.

"좋아! 그럼 오늘 저녁은 밍밍한 가스파초와 토끼 스튜, 그리고 하몬 밥이다!"

 INFO

트루할 데 마히나 농장
Add Paraje Llanos de Ochoa, s/n Ctra. Cambil Km3, 23120 Cambil, Jaén, Spain
Tel +34 626 02 22 00

라스 아구아스 데 아르부니엘 호텔
Add Ctra. Arbuniel Cambil Km.1, 23193 Arbuniel, Jaén, Spain
Tel +34 649 14 40 66

마늘향 나는 아몬드 수프, 아호 블랑코 *Ajo blanco*

살모레호는 가스파초보다 더 붉은 빛을 띠는 걸쭉한 콜드 수프를 말하고, 아호 블랑코는 살모레호의 조상님 격이라 할 수 있다. 스페인에 토마토가 들어오기 전, 그 옛날 사람들이 즐겨 먹었던 토마토 없는 살모레호. 이름 그대로 뜻을 풀이하면 하얀 마늘이다. 이름만 들으면 마늘 수프인가 싶지만 사실 아몬드 수프라고 해야 더 맞을 것 같다. 마늘은 그저 거들뿐.

재료   아몬드, 마늘, 바게트, 물, 셰리 식초(혹은 화이트 와인 식초), 올리브유, 소금

만드는 법
- 살짝 데쳐 껍질을 깐 아몬드 한 컵 반(껍질 없는 아몬드를 사서 데쳐도 좋다), 마늘 한 쪽, 물 3~4컵을 블렌더에 넣고 아주 곱게 간다.
- 아몬드를 간 블렌더에 바게트 빵의 흰 부분만 떼어 약 3컵 정도 넣고, 소금 약간, 셰리 식초 2큰술, 올리브유 2큰술을 넣어 다시 갈아준다. 초강력 블렌더가 아니라면 최대한 곱게 갈고 체에 꾹꾹 눌러가며 한 번 더 걸러주는 수고가 필요하다.
- 갈아낸 것을 냉장고에 두세 시간 두었다가 먹는다. 포도나 멜론을 토핑으로 올려 먹기도 하지만 캄빌 아저씨들은 올리브유 캐비어를 한 스푼 떠서 올려냈다. 아주 고소하고 심플한 수프 뒤에 상큼한 과일과 풀향이 톡톡 터진다.

양고기 구이,
코르데로 아 라 파리야 *Cordero a la parrilla*

"양 잡아 오느라 늦었어!" 후안 아저씨가 방금 잡은 양으로 만든 따끈따끈한 양고기 바비큐를 들고 오며 말한다. 그가 다가올수록 양고기의 향이 짙어진다. 꽉 찬 줄 알았던 우리의 위가 슬며시 공간을 만들어낸다. 배가 불러 더 이상은 무리라는 말은 새빨간 거짓말.

재료	양고기, 로즈메리 줄기, 올리브유, 바게트, 소금, 후추

만드는 법

- 후안 아저씨의 양고기 레시피는 간단하다. 양고기를 먹기 좋게 잘 손질한다. 적절한 소금, 후추 그리고 올리브 나무 장작불이 양고기의 맛을 깊게 만들어준다.
- 로즈메리 가지 서너 개를 묶어 '로즈메리 붓'을 만든다. 고기를 굽는 중간 중간 로즈메리 붓으로 올리브유를 발라주면 허브의 싱그러운 향이 양고기에 은은하게 밴다.
- 바게트 위에 완성된 양고기를 올려내면 기름기가 적당히 빠진 담백한 바비큐를 맛볼 수 있다. 고기 기름이 스며든 바게트는 덤.

POST
SI 201

리마콩과 하몬 볶음,
아비타스 콘 하몬 *Habitas con jamón*

어떤 레스토랑을 가도 이 메뉴만큼은 반드시 보인다. 올리브유에 볶은 리마콩과 하몬. 하몬의 짭짤함과 리마콩의 고소함이 완벽한 조화를 이루는 음식이다. 리마콩은 강낭콩과의 식물로 납작하며 흰색과 녹색을 띠고 파에야에 주로 쓰이기도 한다. 한입 먹어보니 밥 반찬으로도 그만이다. 고추장 한 스푼 넣고 밥과 함께 볶으면 더 좋겠다는 생각도 든다. 스페인 요리에 자주 사용되는 재료 중 하나는 릭은 우리의 대파와 비슷하지만 좀 덜 맵고 더 달다. 국내에서는 릭을 구하기 힘드니 대파를 대신 사용해도 좋다.

| 재료 | 릭(혹은 대파), 하몬, 완두콩, 리마콩, 토마토, 올리브유, 소금, 후추 |

| 만드는 법 | |
- 릭은 송송 썰어 올리브유에 볶는다.
- 하몬을 넣고 노릇하게 익을 때까지 계속 볶는다. (하몬의 나라답게 스페인에서는 다양한 형태의 하몬을 판매하는데, 우리는 깍둑 썰어 포장해놓은 것을 사용했다.)
- 삶은 물에 살짝 데친 완두콩과 리마콩(혹은 강낭콩)을 넣고 고루 섞는다.
- 토마토도 작게 잘라 넣어 빠르게 볶는다.
- 하몬이 제법 짭조름하니 소금간은 소심하게, 하지만 후추는 과감하게 페퍼밀 돌려서 착착착!
- 마지막으로 그릇에 담은 뒤 올리브유를 듬뿍 둘러내면 완성이다.

마늘 하몬밥,
아로스 콘 하몬 *Arroz con jamón*

우리는 쌀이 먹고 싶었다. K는 리소토를 주문하지만 부엌을 지배하는 자의 힘은 막강하니 내 마음대로다. 신기하기만 했던 큐브형 하몬, 마늘, 포슬포슬하게 흩날리는 안남미. 재료들을 보면서 나도 나를 믿지 못하겠다. 혹시 하몬의 누린내 때문에 밥을 망치는 것은 아닐까. 두근거리는 마음으로 냄비 뚜껑을 연다. 익숙한 마늘향이 코를 자극한다. 밥알 사이사이에 씹히는 하몬 조각이 심심할 법한 간을 완벽하게 맞춰준다. 한국에서도 종종 생각날 법한 맛이다. 이 정도면 도전이 이뤄낸 쾌거다.

| 재료 | 큐브형 하몬, 마늘, 안남미, 올리브유, 소금, 후추 |

만드는 법

- 냄비에 올리브유를 두르고 저민 마늘을 볶는다.
- 큐브 하몬을 넣고 노릇해질 때까지 볶는다.
- 씻은 쌀을 넣고 1분 정도 같이 볶는다.
- 일반 냄비 밥 할 때와 같이 손등 높이에 맞춰 물을 붓고 소금과 후추로 간을 한다. (하몬에 간이 되어 있으니 소금은 유의해서 넣는다.)
- 물이 끓기 시작하면 뚜껑을 덮고 약불로 15분 동안 익힌다.
- 15분이 지나면 불을 끄고 뜸 들이는 시간 15분 더. 밥만으로도 근사한 요리가 된다.

토끼 스튜,
귀소 데 코네호 *Guiso de conejo*

동네 마트에 오니 정육 코너에는 토끼고기가 한가득 쌓여 있다. 주변에 보이는 그 어떤 고기보다 강렬한 인상을 풍긴다. 뚫어지게 바라보고 있으니 옆에서 고기를 사고 있던 아주머니가 영어로 말을 건넨다.

"어디서 왔어요? 토끼고기 먹어봤어요? 뭐 만들 거예요?"

"한국이요. 토끼고기 좋아해요. 스튜 만들어보려고요."

아줌마는 바로 정육 코너 직원에게 스페인 말로 주문을 대신해준다. 이 아가씨 스튜 만든다니까 적절하게 손질해주라고 전해주는 모양이다.

마늘 하몬밥과 토끼 스튜를 푸짐하게 담고 두근거리는 저녁 식사를 시작한다. 다들 한입씩 맛을 보고 나는 눈치를 본다. 누린내도 없고 육질이 꽤 부드럽다. 함께 앉은 친구들의 반응도 꽤 좋다. 안나, 고마워요. 토끼고기는 한국에서도 온라인으로 쉽게 구할 수 있으니 한번쯤 도전해봐도 좋을 것 같다.

| 재료 | 토끼고기 한 마리, 토마토소스, 다진 마늘, 다진 적양파, 릭(또는 대파), 타임, 파프리카 가루, 화이트 와인, 올리브유, 소금, 후추 |

만드는 법	• 먹기 좋게 손질한 토끼고기는 소금과 후추로 밑간을 하고 냄비에 겉면을 노릇하게 구운 뒤 따로 빼둔다.
	• 토끼고기를 구운 냄비에 남아 있는 기름을 사용해 다진 마늘, 다진 적양파, 송송 썬 릭, 잘게 자른 타임을 달달 볶는다.
	• 파프리카 가루는 크게 한 스푼 넣고 다시 볶는다.
	• 화이트 와인을 한 컵 부어 2분간 끓인다. 냄비 바닥에 눌러 붙어 있던 살짝 탄 듯한 채소들과 토끼고기의 기름이 와인과 함께 잘 섞인다. 이때가 바로 스튜의 진짜 맛을 내는 단계.
	• 토마토소스와 물을 조금 넣고 처음 구웠던 토끼고기도 함께 넣어 끓인다. 뚜껑 덮고 약불에 두 시간 동안 뭉근하게 익히면 완성.

03

La Mancha

라만차

—

포도의 마법

"이런 손님들은 처음이에요.
매일 먹던 것들이고 매일 마시던 카바인데 카바인데 오늘은 왜 이렇게 달콤한 기죠?"
로벤조의 말이 맞다. 기쁜 마음으로 먹으면 무엇이든 거기에선 기쁜 맛이 난다.

라만차의 돈키호테와
인생의 고비론

붉은 대지에 깊게 뿌리내린 올리브 나무들이 무성한 곳, 안달루시아 하엔을 뒤로 하고 우리는 북쪽으로 방향을 틀어 카스티야 라만차Castilla-La Mancha로 향했다. 그렇다. 스페인을 대표하는 작가 세르반테스의 명작 『돈키호테』의 배경이 된 도시 라만차, 바로 그곳이다.

이탈리아 작가 니코스 카잔차키스는 1937년에 출간한 책 『스페인 기행』에서 돈키호테를 꽤 여러 번 언급했다. 그는 스페인은 두 얼굴을 지니고 있다며 하나는 돈키호테의 열정적인 얼굴, 다른 하나는 실용주의자인 산초의 멍청한 얼굴이라고 했다. 스페인 지형, 민족과 문화의 다양성에 대해 말할 때 그는 꼭 돈키호테를 빗대었다. 그런 연상을 했던 사람이 비단 카잔차키스뿐이었을까. 스페인을 찾는 무수히 많은 사람들이 그랬을 것이고, 우리도 역시나 곳곳에서 돈키호테의 흔적을 찾으려 했다.

특히 나는 이정표에 쓰인 '라만차'라는 이름을 보면서 인생에서 가장 암울했던 대학 무렵의 일들을 떠올렸다.

'비웃는 산초보다 외로운 돈키호테가 되겠어.'

대학 4학년 졸업반, 나는 어릴 때부터 꿈꿔왔던 라디오 PD에 도전하며 매일 아침 같은 문장을 되뇌었다. 미련한 돈키호테가 되는 한이 있더라도 현실에 굴복하며 꿈에 도전하는 사람들을 비웃는 산초처럼 되고 싶지는 않다는 의지를 담은 말이었다. 너무 치열해서 '고시'라는 이름이 붙었다는 악명 높은 '언론고시'를 준비하며 외로운 싸움을 이겨내고자 만든 문장이었고, 현실에 흔들

● 풍차와 돈키호테의 고장 라만차.

릴 때마다 나를 일으켜주는 주문과도 같은 말이었다.

시간이 꽤 흐르고 돈키호테가 되고 싶다던 지난 시절을 함께 보냈던 친구들은 종종 내게 이런 말을 했다.

"넌 그때 정말 어둡고 불안한 사람이었어. 지금의 너랑은 완전 달랐다니까."

정말 그랬을까. 아마도 그랬을 것이다. 꿈에 도전하는 것이 멋진 일이라고 스스로 주문을 걸었지만 사실은 늘 불안에 떨었으니 모든 것에 불만이었고 날카로웠을 것이다. 원하는 것을 향해 달려가는 길은 깜깜한 터널과 같았다. 그 길이 결코 짧지 않을 거라고 처음부터 각오했지만, 아무리 그렇다 한들 끝이 도통 보이지 않고 점점 더 칠흑 같아지기만 하니 힘이 빠졌다. 그때의 도전이 과연 무모한 것이었는지, 어쩌면 성사됐을 일이었는지 끝까지 가보지 못해 그 결말을 알 순 없지만 얼마간의 호기로운 도전은 거듭되는 불합격 통보와 비루한 통장의 압박을 이겨내지 못하고 결국 무너지고 말았다. 꿈꾸는 이상을 향해 달려가는 돈키호테이고 싶었지만 현실이라는 돌부리에 걸려 넘어지고 말았던 것이다. 그래도, 지금 생각해봐도 그때 나는 참 맹목적이었고 무모했으며 뜨거웠다.

그때 그렇게 뜨겁게 갈망하던 일과는 조금 다른 일을 하며 살면서도 나는 나름대로 즐거움을 찾았고 그 일을 통해 많은 경험을 했으며 좋은 사람들도 만났다. 힘들 땐 끝없이 좌절하다가도 또 마음을 다잡으며 하루하루를 지냈다. 생각해보면 이번 스페인 여행을 결심할 때도 나는 다시 깜깜한 터널에서 길을 헤매고 있었다. 많이 지쳤고 방황했으며 그래서 어떤 일에도 의욕이 나질 않았다. 고통의 정도를 수치화해 보자면 분명 돈키호테가 되고 싶다던 대학 졸업 무렵보다는 낮은 수치였지만, 그렇다고 해서 최근의 어둠과 고민들이 절대 만만한 것은 아니었다.

그러고 보면 사람은 참 잘 잊고 금세 적응해 만족하며 사는 것 같다. 하지만 고민과 좌절은 한 번 매듭지어졌다고 해서 완전히 사라지지 않는다. 그것들은 때때로 잊을 만하면 나타난다. 모양과 강도를 조금씩 바꿔가며 주변을 맴돈다. 그것은 생이 끝날 때까지 어깨에 착 달라붙어서 내내 우리를 괴롭힌다. 마치 옅은 치통 같은, 생각해보면 몸서리 쳐지는 고통이다. 신경쓸수록 알게 모르게 욱신대지만 참고 가야 하는 고통들.

그래도 나는 생각의 어느 지점에 다다라 인생의 고통들, 그러니까 지금까지 겪었던 일과 앞으로 겪어야 할 일들을 생각하며 위로의 단서를 찾게 되었다. 한 가지 다행은 고민과 좌절을 거듭해서 겪고 나면 나름대로 꾀가 생긴다. 비슷한 고통에 어떻게 대처해야 하는지 알게 되기도 하고, 또 웬만큼 작은 고통은 그러려니 하는 굳은살도 생기게 된다.

어릴 때는 세상이 끝날 것처럼 절망적인 사건들이 자주, 많이 닥쳐오는 듯하다가 나이가 들면서 "에잇, 재수 없어" 하며 손을 탁탁 털고 쿨하게 잊는 경우가 많아지는 것도 어쩌면 그런 인생의 고비론에 따른 것인지도 모르겠다.

나이 먹는 일이 대체로 아쉽지만 그런 면에서 보면 조금 위안이 되기도 한다. 굳은살이 박히고 노하우가 생기면서 인생 고통의 역치가 올라간다는 것은 퍽 괜찮은 일이다. 살아갈수록 아픈 일들이 점점 줄어들게 된다는 것이니 말이다. 라만차라는 도시의 이름이 적힌 이정표를 보고 그런 생각을 했다.

땅의 선물을

허투루 쓰지 않는
사람들

라만차 고원의 주인공은 두말할 것 없이 풍차와 말을 탄 중
세 기사다. 언덕진 땅에는 어김없이 풍차들이 서서 날갯짓
을 하고 있고 말 타는 기사의 조형물이 잊을 만하면 나타나 지
나가는 이에게 인사를 건넨다. 보이는 풍경도 풍경이지만 공
기도 사뭇 다르다. 고원 지대에 있어 그런지 잔잔한 바람
이 쉴 없이 오간다. 또 하나 눈에 띄는 변화는 사방을 덮고 있
던 올리브 나무의 수가 급격히 줄어든다는 것이다. 올리브 나
무가 서 있던 자리에는 키가 낮고 꼬불꼬불 굽어 크는 포도나
무가 대신 서 있다.

라만차는 돈키호테 뿐 아니라 식량의 도시로도 알려져 있
다. 신대륙 발견과 더불어 중남미 대륙에 침입한 16세기 초
의 에스파냐 모험가들은 신대륙에서 발견한 작물들을 이곳 중
부 지방인 카스티야 지역에 심었다고 한다. 렌틸콩, 병아리
콩 등 각종 콩은 물론 사프란, 감자, 옥수수, 토마토, 호박, 고
추 등을 재배했고 주변국으로 수출도 했다. 그때부터 지금까
지 이 땅은 늘 다양한 식재료로 풍족한 도시였다.

식재료 창고로 불리는 라만차의 넘치는 작물 중에서도 우리
는 콕 집어 포도를 보러 갔다. 카스티야 라만차, 시우다드 레
알Ciudad Real 주에 있는 작은 마을 소쿠야모스Socuéllamos의 포
도 농장. 아침 일찍 농장으로 가는 길은 잘 뻗은 평지로 이어
져 있었다. 사방에 건물이라고는 하나도 없었고 오로지 길
과 나무와 풀뿐이어서 하늘이 더 낮게 내려와 있는 듯했다. 반
은 까만 아스팔트길이고 나머지 반은 파란 하늘. 세상은 정확
히 두 개의 세계로 나뉘어 있었고 그 길의 끝에 두 세계가 만
나 하나가 되어 있었다.

그렇게 달리다 보면 종종 혼례식 연지곤지처럼 빨간 점으
로 물든 밭이 불쑥 튀어나왔는데, 그것은 양귀비 꽃밭이었
다. 스페인 말로 아마폴라Amapola. 우리는 양귀비 꽃밭을 처
음 보았다. 보송보송 잔털이 난 줄기 위에 둥근 꽃받침 하
나. 가벼운 꽃잎은 작은 바람에도 크게 출렁거렸다. 길고 가녀
린 줄기와 호화로운 빨간 빛의 꽃은 참으로 우아했다.

EHD 농장은 1940년대에 문을 열었고 지금은 델가도 집안

● 아마폴라 꽃밭.

의 셋째 아들 로렌조 델가도 알라르콘이 운영을 이어가고 있다. 원래는 작은 농장이었고, 가족들이 먹고 즐기기 위해 마련한 것이었는데 1990년대 후반에 완전히 유기농법으로 바꾸면서 농장의 규모를 확장시켰고 본격적으로 상품을 만들기 시작했다. 로렌조와 그의 딸, 그의 누나의 가족들이 함께 농장을 이끌어가고 있다.

● EHD 농장 식구들.

광활한 포도 농장의 나무는 꽤 아담했다. 150cm가 약간 넘는 내 키에 대어 봐도 비슷한 정도였다. 나무 둥치의 두께도 두 손안에 들어올 만했고, 가지 쪽으로 갈수록 꼬불꼬불 꼬여 있었다. "포도나무 키가 낮아서 열매가 많이 열릴 때면 꼭 땅에 닿을 것 같아요. 아마도 땅의 기운을 더 많이 흡수하고 싶어서 이렇게 자라나봐요." 로렌조는 그런 아담한 포도나무가 예뻐 어찌할 줄 모르다가 끌어안았다.

평지로 3백만㎡의 규모란 상상조차 할 수 없을 만큼 어마어마했다. 농장 가운데 서보니 사방이 키 작은 포도나무들뿐이었다. 포도나무는 올리브 나무에 비해 아주 작았다. 우리가 찾아간 때는 아직 6월이라 탐스러운 포도알을 볼 수는 없었지만, 거친 나무의 표면과 굽어진 가지를 보면 단단하고 거친 생명의 힘이 느껴졌다.

우리는 로렌조에게 농장에 대한 이야기를 들으면서 새로운 사실을 알게 됐는데, 포도는 정말 버리는 부분이 하나도 없다는 것이다. 포도를 압착해 만든 농축액을 끓인 뒤 포도 시럽으로 만들어 설탕 대용으로 쓰거나 발사믹 식초와 와인을 만들고, 포도씨는 압착하여 오일을 만든다. 와인을 만들 때 남은 침전물들은 건조한 뒤 분쇄하여 동물 사료와 밭의 비료로 쓰고 농장에서 가지치기한 나뭇가지와 잎 역시 곱게 분쇄한 뒤 포도밭의 양분으로 사용하기도 한다. 잘 자란 포도는 처음부터 끝까지 허투루 쓰이는 곳이 없다.

로렌조는 와인과 식초, 사료 만드는 공정을 모두 보여주면서 자식을 자랑하듯 포도에 대한 일장연설을 늘어놓았다. 그러고는 말미에 입술에 힘을 주고 한마디 덧붙였다.

"이것이 아버지의 철학이었고, 앞으로도 이어나갈 델가도 가족 농법의 기초예요."

그의 강직한 목소리에서 굳은 신념과 그것을 지키고 따르려는 의지를 느

● 이제 막 열매를 맺기 시작한 포도.

● 포도나무와 로렌조.

낄 수 있었다. 땅이 준 선물을 버리는 것 없이 유용하게 사용하고 바르게 쓰는 것, 그리고 다시 땅에 돌려주는 것. 로렌조는 그 방침을 오랫동안 지켜가고 싶다고 말했다.

"처음으로 조금 부럽다는 생각을 했어. 이 사람들은 단순히 물건을 팔기 위해 '유기농'이라는 타이틀에 집착하는 게 아니야. 어떻게 하면 자연에서 얻은 걸 낭비 없이 잘 쓰고 돌려줄 수 있을까 고민하고 노력해. 그걸 위해 계속 공부하고, 신념을 지키려는 고집도 아주 강해."

K가 감탄하며 말했고, 나와 M 역시 그와 같은 생각을 하고 있던 중이었다. 식재료에 대한 생각, 그것을 접근하는 방식이 이제까지의 우리와는 달라 놀라웠다. 좋은 먹거리를 만들기 위해 연구하는 비화학적, 순환적 농법은 현재 이 땅을 살아가는 사람들을 위한 것뿐 아니라 미래의 건강까지도 보장하는 것이다. 땅의 생태를 지켜야 땅을 오래도록 건강하게 지켜갈 수 있

 광활한 포도밭.

고, 그래야 미래의 먹거리가 보장되어 미래의 사람들도 건강한 생명력을 이어 갈 수 있다. 땅이 건강해야 거기서 나고 자란 작물들도 건강하고, 비로소 우리도 건강해지니 말이다.

반면 요즘 우리는 좀 다르다. 점점 음식을 생명의 원료라기보다 단순한 소비재로 여기는 것 같다. 동물은 좁은 공간에 가두어 다양한 방법으로 살을 찌우고, 채소와 과일을 윤기 나고 예뻐 보이게 하기 위해 화학약품들을 동원하기도 한다. 기업이 만든 식재료 가공품에는 쉽게 읽을 수 없는 복잡한 이름의 성분들이 가득하며 농부들은 작물의 성장을 방해하는 땅속 작은 생명들을 없애기 위해 강력하고 인위적인 힘을 더하기도 한다. 이러한 일련의 일들이 편리하고 빠르고 보기 좋다는 명목 하에 아무렇지도 않게 곳곳에서 저질러지고 있다.

땅이 준 선물을 하나라도 허투루 쓰지 않는 것, 유용하게 사용하고 바르게 쓰는 것, 그리고 다시 땅에 돌려주는 것. 델가도 가족들의 철학을 다시 곱씹어볼수록 우리의 농가 환경과 자꾸만 비교가 되어 생선 가시가 입 안을 찌르는 것처럼 어딘가 계속 불편했다. 물론 이것은 단순히 개인만의 문제는 아니다. 전 세대가 함께 공감하고 답을 찾아가야 할 문제다. K가 부러운 시선으로 EHD 식구들을 바라본 것은 땅과 자연을 해치지 않는 방법으로 식재료를 얻어내야 한다는데 공고하게 다져진 스페인 사람들의 공감대를 이곳 농장 식구들에게서 느낄 수 있었기 때문이다. EHD의 공장을 둘러보고 우리는 조금 마음이 무거워졌다. 조류 독감이나 달걀 파동과 같이 사회를 발칵 뒤집어놓는 사건이 있을 때만 잠시 호들갑을 떨고 마는 우리는 언제쯤 건강한 땅과 좋은 식재료에 대한 원칙을 굳게 다지고 지켜나갈 수 있을까. 생각이 많아졌다.

라만차 농부들의
오랜 새참

오후 한 시, 우리는 로렌조를 따라 농장 안에 있는 식당으로 들어갔다. 부엌
과 홀에서는 델가도 식구들이 점심을 준비하고 있었고 우리도 함께 그릇을 날
랐다. 그리고 가볍게 카바(스페인식 스파클링 와인)와 올리브 피클로 점심에 대
비한 예비식을 치렀다. 발사믹 식초를 숙성시켰던 오크통은 간이 테이블
이 되었고 우리는 테이블을 중심으로 둥그렇게 모였다.

델가도 식구들이 내어준 올리브 피클은 이제까지 먹었던 일반적인 올리
브 절임과는 조금 다른 것이었다. 올리브와 작은 오이, 피망 한 조각, 샬롯(유
럽에서 주로 사용하는 양파의 일종)을 이쑤시개에 끼운 뒤 피클링 스파이스와 식
초, 소금 등으로 담근 피클이었다. 피클의 짭짤하고 달콤한 기운이 금세 기
분을 좋게 했다. 카바 한 잔에 한입씩 먹으니 입 안이 개운하게 씻겼고 다 먹
을 때쯤에는 식초의 산미 덕분에 다시 침이 고였다.

"이건 스페인 사람들이 즐겨 먹는 타파Tapa 중 하나예요. 마트 어디를 가

도 쉽게 볼 수 있죠. 출출할 때 저절로 찾게 된다니까요."

이들에게 올리브 피클은 '심심풀이 땅콩'처럼 만만하고 꽤 만족스러운 안주이자 주전부리로 통했다. 이어 로렌조는 불을 피우고 있는 벽난로 앞으로 우리를 불러 모았다.

"이게 우리 집 장작인데, 오래된 포도나무를 자른 거예요."

구불구불하게 꼬인 것이 포도나무가 틀림없었다. 그로써 우리는 포도나무가 생애 마지막까지 불꽃을 활활 태우며 자신의 쓸모를 120% 발휘하는 현장을 목격하게 되었고, 타오르는 포도나무 앞에서 감탄의 숨을 뱉을 수밖에 없었다.

"정말 포도는 버리는 것이 하나도 없구나!"

● 스페인식 스파클링 와인 카바.

장작에 불이 붙고 화력이 오르자 로렌조는 괴상하게 생긴 냄비를 들고 왔다. 중국식 웍처럼 깊은 팬에 길쭉한 다리가 붙은 모양의 냄비였다.

"라만차 농장 사람들이 오래전부터 사용해 왔던 냄비예요. 아주 옛날에 농장에서 일하던 사람들은 점심시간이 가까워지면 죽은 포도나무를 잘라 불을 피우고 그 위에 이 냄비를 올렸어요. 불 위에 올려야 해서 긴 모양의 다리를 붙인 거고요. 양고기, 마늘, 양파, 토마토, 홍피망, 청피망, 파프리카 가루, 화이트 와인, 월계수 잎, 올리브유를 냄비 안에 넣고 푹 끓여 먹는 거예요."

주변의 재료를 모조리 넣어 만드니 부담도 없고, 한데 넣고 끓이기만 하면 되니 손도 많이 안 가 농장 식구들의 점심 식사로 먹기에 제격이었다. 이름은 칼데레타Caldereta. 오래 전 라만차 농부들의 새참, 바쁘고 가난했던 사람들의 귀한 식사. 라만차 땅에 흘린 농부들의 땀은 대대로 이어져 내려왔고 그들의 노동을 달게 만들어준 새참 칼데레타도 함께 이어져왔다.

● 칼데레타를 요리하기 위해 포도나무에 불을 붙이고 있는 로렌조.

"이건 완전히 라만차 스타일이에요. 다른 지역에선 쉽게 볼 수 없는 우리만의 방식이죠."

불 위에 올릴 때는 물이 많아서 진한 국물을 우려내는가 싶었는데, 한 시간 정도 끓이고 나니 국물은 하나 없고 갈비찜처럼 아주 자작하게 되어 있었다. 오래 끓인 만큼 양고기의 살은 아주 부드러웠고 와인의 향이 은은하게 녹아들어 적절한 산미가 입맛을 돋웠다. 모든 재료에 단백질 국물이 배어들어 깊은 감칠맛이 돌았고, 토마토와 파프리카 가루 덕분에 매콤하고 새콤한 맛이 났다. 꽤 괜찮은 조합이었다. 먹다보니 왠지 농부들처럼 땀을 흘리며 노동을 한 후에 먹어야 하는 것 아닌가 하는 생각에 조금 미안한 마음이 들기도 했다. 포도나무를 키우고 와인과 와인 식초를 만들며 일했던 라만차 농장의 조상들이 우리와 함께 있는 것 같았다.

● 옛날 방식 그대로 불 위에 올려 끓여 먹는 칼데레타.

포
도
의

다
채
로
운

얼
굴

EHD 농장에서 재배하는 포도는 여러 가지 품종이 있지만 그중 농장의 대표 상품인 발사믹 식초와 와인 식초에 사용되는 가르나차와 아리엔 품종이 주를 이룬다. 가르나차는 뜨겁고 건조한 기후에서 잘 자라는 적포도로 스페인에서 템프라니요 다음으로 많이 재배하며 달콤한 베리향이 나고 비교적 색이 연하다. 아리엔은 전 세계 포도 재배지 중 스페인, 특히 라만차 지방에서 가장 많이 생산되는 청포도로 열매가 크고 향이 진하다.

발사믹 식초와 와인 식초는 이름만 듣고 보면 꽤 비슷한 것 같지만 사실 맛도 모양도 만드는 방법도 모두 다르다. 발사믹 식초의 원료는 포도 농축액이다. 포도를 압착해 추출한 원액에 열을 가해 끓여서 만든 포도 농축액은 달고 끈적이는데, 여기에 아세트산을 더해 발효시켜 발사믹 식초를 만든다. 발효되는 동안 식초는 농축액일 때보다 끈적해지고 풍미는 더욱 짙어지게 된다. 시중에 판매되는 발사믹 식초들 중에는 더러 캐러멜 시럽이나 설탕을 넣어 인공적인 단맛을 첨가해 만들기도 하는데, EHD 농장 식구들은 그렇게 하지 않고 스스로 진득한 맛을 품을 수 있도록 오랜 시간을 기다려 완성해 낸다. 그래서인지 EHD의 발사믹 식초는 기존에 맛보았던 것들보다 조금 덜 달고 과일 특유의 산미가 훨씬 더 강했다. 깊고 부드러운 신맛은 꼭 한 번씩 식도를 건드려 약간의 간지러움을 동반했고, 그런 여운이 오래도록 이어져 강렬한 인상을 남겼다. 첫 맛은 살짝 달면서 끝에 풍성하게 퍼지는 산미를 음미하다보면 발사믹 식초가 꽤 우아한 식재료처럼 느껴졌다.

와인 식초는 와인으로 만든다. 잘 숙성된 레드 와인과 화이트 와인을 각각 저온에서 살균하고 여과한 다음 희석시켜 알코올의 함량을 낮춘 뒤 산도를 높여주는 효모를 배양해 적정 온도에 맞춰 숙성 발효시키는 것이다. 발사믹 식초에 비해서 훨씬 묽고 단맛은 거의 없는 새콤한 와인 식초는 우리가 평소에 자주 쓰는 현미 식초나 사과 식초에 비해 좀 더 부드러운 신맛을 낸다. 너무 시어서 눈을 찡긋하게 하기보다 부드럽고 은은해서 젠틀하게 느껴지는 신맛을 지녔다.

EHD 농장 사람들은 다양한 요리에 식초를 사용해 맛을 냈다. 식초의 산도를 살려 신맛을 내는 것은 물론이고 포도가 지닌 단맛과 약간의 떫은맛 등 다양한 맛의 면들을 정교하게 살려냈다. 그중에서도 가장 기억에 남는 것은 오이 샐러드다. 로렌조의 누나 레메디오스는 길쭉한 오이를 세로로 잘라 펼친 뒤 소금을 살짝 뿌리고 올리브유와 화이트 와인 식초를 뿌려냈다. 와인 식초는 여러 개의 얼굴을 갖고 있었다. 오이와 잘 어울릴 수 있는 산뜻하고 싱그러운 매력이 강렬한 첫인상으로 다가왔다면 포도가 가진 달콤함은 올리브유의 알싸한 맛을 감싸주며 부드러운 마침표를 찍었다. 싱싱한 오이, 잘 익은 와인 식초와 올리브유 등 모든 재료들은 바짝 날이 서 있어서 자기의 맛을 최대로 끌어올릴 줄 알았고, 포용력까지 있어 함께 담긴 재료들의 맛을 해치지 않고 존중해주었다.

● 음식에 레드 와인 식초를 더하는 로렌조.

그중에서도 델가도 식구의 부엌에서 가장 탐이 났던 재료는 발사믹 식초였다. 단맛과 신맛이 가장 조화롭게 이뤄진 발사믹 식초는 어떤 재료를 만나는지에 따라 자유롭게 얼굴을 바꿨다. 단맛이 강한 재료와 만나면 오히려 단맛을 억제하고 신맛을 이끌어내 음식의 맛이 단조로워지는 걸 막았다. 특히 양파를 볶을 때 발사믹의 활약이 돋보였다. 농장 사람들은 얇게 썬 양파를 팬에 올려 올리브유로 볶다가 발사믹 식초를 컵에 따른 뒤 넉넉히 뿌려 캐러멜라이즈 양파를 만들었다. 올리브유에 절인 고추인 피퀴요Piquillo와 캐러멜라이즈한 양파를 그릇에 올린 뒤 두툼한 참치를 곁들였는데, 몰캉몰캉 부드러운 피퀴요와 함께 곁들여 먹으니 달고 부드러우면서 입 안을 자극하는 산미가 산뜻했다. 퍽퍽하고 거친 라만차 지역의 전통 빵인 판 데 푸엘로Pan de Puelo 위에 얹어 먹을 때는 꽤나 감동적이었다. 빵의 첫 이미지가 거칠었기에 발사믹 식초와 함께 볶은 양파의 달콤함은 더 진하게 다가왔다.

● 발사믹 식초로 볶은 양파.

그리고 디저트에는 포도 농축액을 사용했다. 포도액을 끓여 만든, 발사믹 식초의 원료가 되는 이 농축액을 델가도 식구들은 설탕이나 꿀 대신 단맛을 내는 재료로 썼다. 로렌조의 누나는 직접 만든 사과 파이 위에 포도 농축액을 한 스푼 가득 뿌렸고, 딸기 위에도 툭툭 얹었다. 아직 설익어서 맛이 들지 않은 딸기에 포도 농축액이 더해지자 끈덕진 달콤함이 속속 배어들었다. 질리지 않고 싱싱하며 강렬하지 않고 은은한 단맛은 혀의 온 구석을 예민하게 건드렸다.

EHD 농장에서 만난 포도는 여러모로 다채롭고 놀라웠다. 와인과 식초는 물론 동물 사료로까지 쓰이는 다양한 쓰임새가 그랬고, 달콤하면서도 시고 떫고, 향기롭고도 진한 포도의 맛이 그랬다. 어떤 면에서 보아도 각각의 매력을 갖추고 있어 몇 가지 단어로 포도를 단정 지을 수가 없었다. 델가도 식구들의 부엌을 구경하는 동안 전혀 생각해보지 않았던 포도의 이면을 더 깊이 알게 되었다.

● 파이와 과일에 단맛을 더하기 위해 포도 농축액을 뿌려 냈다.

● EHD 식구들과 함께한 식사 자리.

 : 005

무엇이든
거기에선
──────── 기쁜 맛이 났다

EHD 농장 직원 에릭이 카바 여러 병을 품에 안고 식탁이 있는 응접실로 들어왔다. 에릭은 들떠 있었다. 그는 서울에 가본 적이 있으며 중국과 아시아 국가를 몇 번 다녀온 적이 있어 우리가 더 반갑다고 했다. 농장 식구들과 본격적인 식사를 하기 전 그는 로렌조와 뭔가 작전을 짜는 듯했고 얼마 있다 두 남자는 카바 잔을 들어 올리며 외쳤다.

"건배!"

우리는 그들의 입에서 나온 두 글자의 말을 들으면서도 귀를 의심했다. 지금까지 찾아갔던 농장 인근의 마을은 한참 구석진 시골 마을이었고, 우리는 그 동네를 찾은 거의 최초의 혹은 보기 드문 동양인이었기에 한국말을 들을 수 있을 거라곤 생각조차 하지 못했다. 한번은 자전거를 타고 가던 동네 사람이 우리를 신기하게 쳐다본 나머지 다가오는 자동차와 부딪힐 뻔한 적도 있었을 정도다. 그런 도시에서 불쑥 예상치도 못한 한국말이라니! 그것도 "안녕하세요"도 아니라 "건배"라니. 같은 한국말이라고 해도 하나는 다분히 형식적인 단어인 반면에 다른 하나는 격의 없고 흥이 담긴 친근한 단어가 아닌가. 짧은 한국말에 극도로 반가워하는 우리를 보면서 로렌조는 덩달아 신이 났던 것 같다. 로렌조와 에릭은 식사를 하는 내내 거듭 "건배"를 외쳤고, 그럴 때마다 우리는 열광적으로 환호했다.

식탁에 함께 모인 농장 식구들과 우리는 서로 이야기를 주고받으며 데시벨을 높였다. 분위기가 한창 무르익을 때쯤 로렌조가 자리에 일어나 포크로 와인 잔의 옆구리를 두드려 주위를 환기시켰다.

"잠깐 여기 좀 봐주세요. 이쯤에서 우리 구호를 한 번 외쳐볼까요?"

로렌조 옆에 앉아 있던 에릭이 부연 설명을 해주었다. 스페인에서는 좋은 자리에 함께 모였을 때 외치는 구호 같은 것이 있다고 했다.

"자! 모두 잔을 들고, 아리바Arriba, 아바호Abajo, 이 y 센트로Centro!"

식탁에 앉은 모든 사람들이 입을 맞춰 외치더니 카바를 담은 잔을 높이 올렸다가 깨끗이 비웠다. 우리말로 하면 "잔을 위로, 아래로, 그리고 중앙으로!" 하고 잔을 부딪친 뒤 잔을 비우는 것이었다. 이번엔 M이 나섰다.

"한국에도 비슷한 게 있어요. 방금 전처럼 잔을 부딪친 뒤에 잔을 비우고 마지막엔 잔을 거꾸로 해서 머리 위로 들어 털어내는 거예요."

일제히 박장대소. 식탁에 앉은 모든 사람들이 자리에서 일어났고 이번엔 M의 구호로 시작했다.

"아리바, 아바호, 이 센트로!"

● 카바 샤워를 즐기는 로렌조.

더러는 수줍게 더러는 호기롭게 잔을 높이 들어 머리 위로 탈탈 털었고 조금씩 잔에 카바를 남긴 사람들은 의도치 않게 머리를 적셔야만 했다.

"이거 카바로 샤워하는 거네요."

에릭의 말에 따라 그때부터 잔을 털어내는 놀이의 이름은 '카바 샤워'가 되었고, 이후로도 우리는 단체로 카바 샤워를 감행했다. 달콤하고 시원한 카바가 머리를 적셨다. 촉촉하게 젖은 머리에서 새콤한 포도향이 났다.

그때의 순간은 지금도 생생하다. 4D 극장에서 영화를 보는 것처럼 당시의 냄새와 온도, 빛과 사람들의 표정, 이 모든 것들이 뚜렷하게 살아 있다. 그날의 응접실에는 젊은 포도 향기로 가득했고 누군가의 잔에서부터 날아든 물방울은 사방에서 튀어 올랐다.

"이런 손님들은 처음이에요. 매일 먹던 것들이고 매일 마시던 카바인데 오늘은 왜 이렇게 달콤한 거죠?"

로렌조의 말이 맞다. 기쁜 마음으로 먹으면 무엇이든 거기에선 기쁜 맛이 난다. 아침부터 줄곧 보았던 로렌조의 얼굴에서 새로운 사람이 보였다. 처음엔 예민하고 날카로워서 베니스의 상인처럼 보였는데, 웬걸 정 많고 장난치기를 좋아하는 영락없는 스페인 농장 아저씨가 거기에 있었다.

006

매일 조금씩 반짝이는 마을,
벨몬테

스페인의 시골 농장들을 제외하고 우리가 가장 사랑했던 도시는 스페인 중부의 벨몬테Belmonte와 북부 지방의 풍요로운 도시 산세바스티안San Sebastian이었다. 두 도시 모두 특별한 계획 없이 우연히 찾아간 곳이었고, 그래서 더욱 예상 밖의 발견을 할 수 있었다.

그중 벨몬테에 대해 먼저 이야기해볼까 한다. 카스티야 라만차에 속한 벨몬테는 EHD 농장 근처에 있는 작은 마을이다. 마을 전체가 가파른 절벽 위에 있는 과거 무어인들의 요새 도시 쿠엥카Cuenca와도 얼마 떨어지지 않은 곳에 위치해 있는데, 벨몬테는 정말이지 시간이 딱 100년쯤 멈춘 것 같은 동네다. 현대 대형 자본의 흔적이라든가 화려한 건축물 같은 것은 잘 보이지 않고, 온통 오래된 돌집과 화려한 스페인식 타일로 장식한 계단들만 가득하다. 그 사이로 종종 작은 교회와 식당이 자리해 있을 뿐이다. 그나마 있는 건물들도 띄엄띄엄 서 있고 사람도 적어 어디를 가든 한적하다. 그런 벨몬테에서 가장 큰 존재감을 드러내는 것은 동네 어디에 있어도 한눈에 들어오는 벨몬테 성과 풍차, 그리고 해 질 무렵 노을이다.

벨몬테 성Castillo de Belmonte은 15세기 무데하르 건축물로, 벨몬테를 대표하는 랜드마크다. 무데하르는 기독교 문화와 이슬람 문화가 융합해 생긴 독특한 건축 양식인데, 대부분의 무어인들이 스페인 땅을 떠난 와중에도 쿠엥카, 톨레도 등 라만차 몇몇 지역에 잔류하여 기독교 체제 아래 공존하던 때 만들어진 것이다. 벨몬테 성 역시 그때 지어진 건물로 벽돌로 쌓은 외장, 아치형의 기둥, 화려한 내부 장식 등을 통해 당시 거주하던 이슬람 공동체 무데하르의 흔적을 찾아볼 수 있다. 물론 그런 것들을 보는 것도 꽤 흥미롭지만 내게는 성에 다다르는 길이 더욱 황홀하게 느껴졌다. 성으로 향하는 좁은 길에 양귀비꽃과 선인장과 풀들이 어우러져 있는데, 꽃들의 호위를 받으며 길을 따라가는 것만으로 성에 올라가볼 만한 가치는 충분했다.

성도 성이지만 무엇보다 벨몬테를 아름다운 도시로 만들어주는 건 짙은 노을이다. 여느 휴양지라면 하나쯤 꼭 있다는 '선셋 포인트'가 전혀 부럽지 않은 따뜻하고 고운 노을이 거기에 있다. 벨몬테 중심지, 집들이 모

● 벨몬테 성과 노을 드는 마을 전경.

여 있는 곳을 등지고 반대 방향으로 조금만 올라가
다 보면 완만한 언덕이 나온다. 산이라고 하기엔 좀 낮
지만 정상에 올라 아래를 내려다보면 마을이 한눈
에 들어올 만큼의 높이는 된다. 언덕을 찾다가 길을 헤
매도 두려워할 필요가 없다. 언덕 위에서 날갯짓하
는 풍차가 북극성처럼 길잡이가 되어 어렵지 않게 그
곳으로 안내할 테니 말이다.

오후 아홉 시 무렵, 우리는 풍차를 향해 언덕으로 올
라갔다. 언덕의 꼭대기에 오르니 태양이 뉘엿뉘엿 지
고 있었고, 라만차 고원의 땅을 지나 벨몬테의 언덕까
지 찾아온 잔잔한 바람은 꽤 부드러웠다. 부드러운 바
람은 풍차의 날개를 움직이게 했고, 지는 태양의 뜨
거운 빛을 받아 공기의 온도는 알맞게 달아올라 있
었다. 풍차 아래 서니 바람 속에 숨어 지내던 벨몬테
의 오랜 시간들이 느껴졌다. 오래된 풍차의 나무 냄
새, 돌집이 품은 이끼 냄새, 들판의 풀 냄새, 오래전 동
네에 살았던 사람들의 냄새까지. 그런 것들을 저절
로 떠올리게 하는 바람 속에서 긴긴 벨몬테의 지난 시
간들을 더듬거렸다.

그때 온 동네가 노을로 젖어들기 시작했다. 마을은 황금빛 벨벳으로 포근하게 덮였다. 온 마을이 반짝거리는 동안 벨몬테는 세상에서 가장 평화롭고 아름다운 마을로 완성되어갔다. 노을로 빛나는 마을을 바라보는 K와 M, 언덕을 찾아온 마을의 큰 개와 백발 주인의 얼굴에도 황홀한 빛이 어른거렸다. 언덕 위에서 노을을 지켜보던 모든 이의 얼굴에는 뜨거운 온기가 푹 스며들었다. 미간의 주름이 퍼졌고 뜬 눈은 저절로 감겼으며 아래턱에 들어 있던 힘도 느슨하게 풀어져갔다.

추운 겨울 꽁꽁 언 얼굴로 방에 들어와 엉덩이를 되작이며 방바닥의 온기를 흡수하면 양 볼이 발그레해지면서 온몸의 긴장이 녹아내리는 것처럼, 노을은 온 마을의 땅과 우리의 얼굴 속으로 빨갛게 스며들고 있었다. 오래된 도시 벨몬테에는 세상의 모든 긴장을 누그러뜨리는 노을이 매일 그렇게 찾아온다.

● 황금빛 노을로 물드는 벨몬테 마을.

007

톨레도에서 맛집 검색은

하지 마세요

경주가 우리에게 역사의 도시로 알려져 있다면 스페인 사람들에게는 톨레도
Toledo가 그렇다. 카스티야 라만차의 주도 톨레도는 스페인을 대표하는 역사
의 도시이자 정신적 뿌리가 깃든 성지다. 기원전 2세기 무렵 로마 제국이 점
령하면서 본격적으로 성장하게 된 톨레도는 5세기 서고트 왕국 이후 이슬
람, 가톨릭, 유대인에 의해 지배되면서 다양한 문화를 정착시켰다. 스페인 땅
에 살았던 다양한 민족과 문화의 흔적을 경험할 수 있는 곳이 바로 톨레도다.

 그토록 유서 깊은 도시인데 우리에게만큼은 가장 최악의 도시로 남아버
렸다. 첫째로 커피, 둘째로 올리브유 때문이다. 단도직입적으로 말해서 스페
인의 모든 식재료는 수준급이다. 신선하고 알차서 맛의 농도가 짙다. 그런
데 단 한 가지 도저히 받아들일 수 없는 것이 있는데 바로 커피다. 일반적으
로 스페인 사람들이 즐겨 마시는 커피는 '카페 솔로café solo'라 부르는 우리식

● 스페인의 대표적인 관광도시 톨레도.

으로 말하자면 에스프레소인데, 그 에스프레소라는 것이 그 윽한 향과 풍성한 크레마는 둘째 치고 맛에 대해서만 이야기를 하자년 일반 에스프레소를 1/3만 넣고 물과 섞은 듯하다고 표현해도 문제없을 정도로 밋밋하다. 여러 번 우려낸 커피처럼 맹숭맹숭하고 커피가 가진 은은하고 구수한 향도 거의 없다. 스페인에 있는 동안 우리는 거의 그런 밋밋한 커피만 마셔야 했는데, 그중에서도 가장 최악의 커피를 톨레도에서 마셨다. 어중간한 맛에 온도 또한 미지근해서 도저히 얼음 없이는 삼킬 수가 없었다. 어설프게 물 탄 것 같이 희미하고, 씁쓸하다 못해 탄 맛이 너무 많이 나는 커피를 마실 때면 서울이 조금 그리워질 정도였으니 말이다.

커피에 이어 우리는 레스토랑 물색에도 실패했다. 이건 전적으로 맛집 검색에만 의존했던 것이 잘못이었다. 그날따라 우리는 평소답지 않게 맛집 검색에 의존하고 싶었고 트립 어드바이저 상위 랭크에 올라온 레스토랑을 찾아가기로 했다. 단순한 검색뿐 아니라 여러 기사의 평가를 교차 확인해 선택한 것이었다. 레스토랑의 이름은 '라 아바디아La Abadia'. 식당은 지하에 있었고 한낮에도 아주 어두웠으며 뜨거운 날씨에도 약간의 한기가 느껴지는 오래된 건물이었다. 주변의 테이블을 돌아보니 우리처럼 검색으로 찾아온 사람들이 많은 것 같았다. 현지인들보다는 영어권 관광객을 포함해 한국인 여행객들이 꽤 여럿 보였다. 분위기는 썩 괜찮았지만 처음 빵이 서빙되면서부터 불길한 예감이 들기 시작했다. 식사의 첫 코스로 나오는 빵은 무조건 진득하고 싱그러운 엑스트라 버진 올리브유와 함께 먹어야 하는데 응당 있어야 할 올리브유가 없었다. 한참을 기다려도 올리브유는 올 생각이 없는 것 같았다.

"여기 올리브유 좀 주시겠어요?"

기다리다 지쳐 웨이트리스에게 청했다. 스페인 농장에 얼마간 머물렀던 우리에게 올리브유의 공백은 꽤 크게 다가왔다. 건네받은 오일을 받고 우린 더 경악할 수밖에 없었다. 웨이트리스가 가져온 오일은 목욕탕에서 흔히 보는, 일회용 샴푸와 린스를 담아놓는 납작하고 손바닥만 한 포장지에 담긴 것이었다. 향과 맛이 최고에 달한다는 '엑스트라 버진'도 아니었다. 샴푸처럼 생긴 올리브유를 보니 올리브 농장 아저씨들에게 들었던 말이 떠올랐다.

"올리브유는 유리병에 보관하는 게 좋아요. 빛을 많이 받으면 금방 산화되어 맛과 향이 떨어지게 되니까요."

그런데 그 일회용 용기는 플라스틱 소재였다. 겉모습만 보아도 어떤 맛일지 알 것 같았고, 과연 예측한 대로였다. 눅눅했고 어떤 싱그러움도 느껴지지 않았다. 일회용 플라스틱 용기에 들어 있어서 그런 건지 아니면 홀대를 받고 있다는 느낌에 기분이 안 좋아져서 그런지 꼭 샴푸 맛이 나는 것 같기도 했다.

"이런 것 말고 병에 든 엑스트라 버진 올리브유로 주시겠어요?"

다시 웨이트리스에게 청하자 그제야 우리가 바라던 한 병의 오일이 도착했다. 기분이 썩 좋지 않았다. 관광객이라는 이

● 관광객들로 북적이는 톨레도 거리.

유로 제대로 된 서비스를 받지 못하고, 그래서 완벽한 한 끼를 완성할 수 없게 된 상황에 화가 나기도 했다.

이런 상황은 비단 톨레도에서만 일어나는 이야기가 아니다. 유명한 관광 도시에 가면 대체로 사람 때문에 실망하고 떠나는 경우가 많다. 세계 각지에서 찾아온 이방인들로 번잡한 거리, 이방인들을 타깃으로 가짜를 진짜인 것처럼 속여 파는 장사꾼. 그런 사람들이 많을수록 도시는 여행자들의 블랙리스트에 오르게 되고 좋지 않은 기억으로 남게 된다. 우리에게 톨레도가 그렇게 남게 된 것처럼 말이다.

맛집에서 겪은 대참사 이후 우리는 '진짜 여행은 함께 밥을 먹는 것'이라고 한 번 더 생각하게 되었다. 만일 우리가 현지 농장에 있는 사람들과 함께 먹지 않았더라면 그 나라 사람들의 식문화와 먹는 방식에 대해 제대로 알지 못했을 것이고, 그저 관광지 식당에서 주는 대로, 왜 그런지 이유도 모른 채 옆 테이블이 먹는 것들을 힐끔거리며 따라 먹다가 떠났을 것이다. 여행지의 음식이 어떻게 만들어지는지, 그것을 어떻게 하면 더 맛있게 즐길 수 있는지를 안다는 것은 아주 사소해 보이지만 쉽게 얻을 수 없는 보물 같은 정보다. 여행지에 대한 정보는 물론 현지 사람들의 일상을 경험하며 한층 더 깊고 넓은 여행이 될 수 있게 해준다.

그날 이후 우리는 절대 맛집 검색 따위는 하지 않기로 했다. 느낌이 좋은 레스토랑을 그저 감으로 찾아갔고, 잘 모를 때는 테이블에 올리브유가 올라와 있는지, 상태는 어떤지 먼저 확인을 하고 자리를 잡았다. 그런 기준만으로도 대체로 레스토랑 선정에 실패하는 일은 없었다.

EHD 농장
Add C/. Villarrobledo, 37 13630 Socuéllamos Ciudad Real España
Tel +34 926 69 91 07

벨몬테 성
Add Calle Eugenia de Montijo, s/n, 16640 Belmonte, Cuenca, España
Tel +34 678 64 64 86

벨몬테 숙소
Add Calle Mártires Trinitarios, 16, 16640 Belmonte, Cuenca España

새콤한 아귀 요리,
라페 알 아히오 *Rape al ajillo*

다양한 샐러드와 타파스, 하몬이 끝없이 등장하고 거기에 맞춰 카바의 코르크도 계속 열린다. 생선이 등장하는 걸 보니 이제부터 메인이 시작되나보다. 스페인에서 아귀를 마주하리라곤 생각지도 못했다. 이제까지와는 완전히 다른 아귀의 모습. 호기심이 인다. 한입 크게 먹어본다. 고소하고 쫄깃하며 담백하다. 아귀 사이사이에 토마토가 톡 터진다. 그 상큼함이 혹시 남아 있을지 모르는 비린 맛을 잡아낸다. 담백하고 정갈한 맛이 톡 쏘는 카바와 참 잘 어울린다.

| 재료 | 아귀 살, 토마토, 피시 스톡, 화이트 와인, 마늘, 월계수 잎, 올리브유, 소금, 후추 |

만드는 법
- 아귀 살을 큼직하게 잘라 소금과 후추로 밑간을 한다.
- 팬에 올리브유를 두른 뒤 아귀 살을 넣고 노릇하게 구워 따로 빼둔다.
- 같은 팬에 얇게 썬 마늘을 넣고 볶다가 화이트 와인 한 컵을 넣고 2분간 끓인다.
- 와인이 한 번 끓어 알코올이 날아가면 구워둔 아귀와 큼직하게 자른 토마토, 월계수 잎을 넣고 피시 스톡을 자박하게 붓는다.
- 아귀가 완전히 익을 때까지 뭉근하게 끓인다.
- 마무리로 소금 간을 하면 완성.

젬 레터스 샐러드,
엔살라다 데 코고요스 *Ensalada de Cogollos*

로렌조 가족과 함께 맛봤던 샐러드 중 하나. 로메인을 닮은 젬 레터스 위에 앤초비, 화이트 와인 식초를 곁들인 샐러드는 식감마저 신선함 그 자체다. 와작와작 씹히는 싱그러운 젬 레터스 샐러드는 여행으로 지친 몸을 다시 리셋시킨다.

| 재료 | 젬 레터스(혹은 로메인 상추), 만체고 치즈, 완두콩, 앤초비, 민트, 올리브유, 레몬즙, 소금, 후추 |

| 만드는 법 | • 젬 레터스를 길게 4등분하고 슬라이스한 만체고 치즈, 데친 완두콩, 앤초비, 무심하게 뜯어낸 민트 잎을 그릇에 함께 담는다. |
| | • 올리브유, 레몬즙, 소금, 후추를 뿌려내면 완성. |

모두를 위한 해산물 해장 스튜, 소파 데 마리스코스 *Sopa de mariscos*

로렌조 가족들과 함께 해치운 카바만도 약 20병. 카바 20병의 후폭풍은 겪어본 이들만이 안다. 무조건 해장이 필요하다. 이럴 때 요리하는 사람은 괜히 책임감에 사로잡힌다. 시원하고 진한 해산물로 국물을 내볼까. 라만차 지역의 축제로 인해 모든 상점들은 휴업이고 우리는 예상치 못한 식량난에 당황했지만 극복. 톨레도에서부터 멀리 마드리드까지 운전해 장을 보고 왔다. 해장 시각 새벽 한 시. 기어코 얻어낸 완벽한 해장 스튜.

| 재료 | 고동, 모시조개, 새우, 토마토, 도미살, 채소 스톡, 릭(혹은 대파), 말린 고추, 다진 마늘, 레몬, 고수, 올리브유, 후추 |

| 만드는 법 |
- 냄비에 다진 마늘과 릭을 볶는다.
- 해장용임을 잊지 않고 얼큰한 맛을 내기 위해 말린 고추도 몇 개 부숴 넣는다.
- 고동, 모시조개, 새우, 채소 스톡, 토마토, 도미살을 모두 냄비에 넣고 10~15분간 끓인다. 고동과 조개가 있으니 소금 간은 굳이 하지 않는다.
- 레몬 한 개 힘껏 쥐어짜 즙을 내 냄비에 넣는다.
- 깨끗이 씻은 고수 잎을 줄기까지 듬뿍 올리면 얼큰하고 시원한 국물의 해장 스튜 완성.

아스파라거스 달걀 스크램블,
레부엘토 데 에스파라고스 *Revuelto de espárragos*

여유로운 아침. 햇살이 들어오는 소파에 앉아 아침으로 만들 레시피를 정리한다. 그러고 보니 스페인 사람들은 달걀과 채소를 함께 볶는 걸 좋아한다. 하엔에서는 버섯, 라만차에서는 아스파라거스. 지금 이 아침, 모든 재료가 냉장고에 있으니 아침 메뉴는 간단하고 신선한 아스파라거스 달걀 스크램블이다.

재료	달걀, 아스파라거스, 양송이, 적양파, 릭(혹은 대파), 다진 마늘, 민트, 올리브유, 소금, 후추

만드는 법	• 아스파라거스는 1cm 길이로 자르고 버섯은 얇게 슬라이스한다.
	• 팬에 올리브유를 두른 뒤 다진 적양파, 다진 마늘, 송송 썬 릭을 볶는다.
	• 손질해 둔 아스파라거스와 버섯을 넣고 한 번 더 볶는다.
	• 달걀은 네 개 정도 준비한 뒤 미리 풀어두지 않고 바로 팬에 깨트려 넣고 마구 섞는다.
	• 소금과 후추로 간을 하고 마무리로 민트 잎을 넣어 볶으면 끝.

올리브유를 곁들인 바닐라 아이스크림 *Helado de aceite de oliva*
틴토 데 베라노 *Tinto de verano*

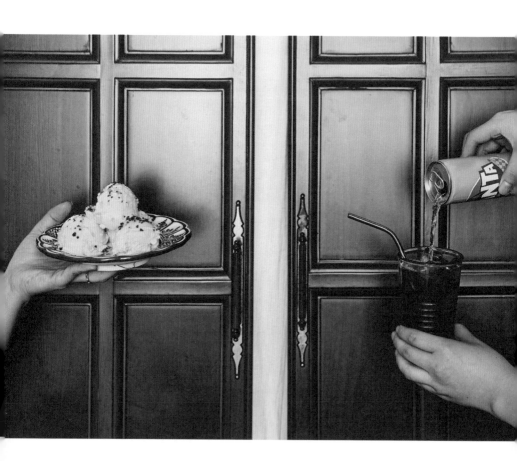

170

올리브유를 곁들인 바닐라 아이스크림

황금빛 올리브유는 차가운 바닐라 아이스크림과 만나면 순간 응고가 된다. 그 상태에서 한 숟가락 입에 넣으면 환상. 바닐라의 달콤함과 올리브에서 나는 풀향, 과일향이 입안에서 요동칠 때 즈음 짭짤한 소금이 톡톡 터진다. 아… 그 식감과 맛은 먹어본 사람만이 알 수 있다. 단, 짙은 희열을 느끼고 싶다면 조리용 올리브유가 아닌 찬란하게 빛나는 황금빛 질 좋은 엑스트라 버진 올리브유를 사용해야 한다. 한 꼬집이라고 무시하지 말고 좋은 소금을 고른다. 올리브유와 소금을 만난 아이스크림은 그 어떤 화려한 음식과도 맞붙을 준비가 되어 있다.

재료	만드는 법
바닐라 아이스크림, 올리브유, 질 좋은 소금(핑크 소금 이나 와인 소금도 좋다)	• 바닐라 아이스크림을 두 스쿱 뜨고 올리브유를 두 바퀴 두른다. • 와인 소금 한 꼬집 솔솔 뿌리면 완성.

틴토 데 베라노

틴토 데 베라노는 스페인에서 꼭 마셔봐야 할 음료 중 하나다. 와인에 달콤한 소다수를 넣어 만든 것으로 일명 심플한 상그리아. 어떤 이는 스프라이트를 넣어 만들고 어떤 이는 환타를 넣어 만들기도 한다. 우리는 스페인에 있는 동안 어느 순간부터인가 틴토 데 베라노를 거의 물처럼 마셨다. 편의점에서 캔으로 팔아서 수시로 챙겨두었고, 레스토랑과 바에 가면 식사 전에 꼭 한 잔 이상 주문해 마셨다. 뜨거운 햇살이 내리쬐는 스페인과 딱 어울리는 맛을 지닌, 적당히 달콤하고 톡 쏘는 와인 음료 틴토 데 베라노는 '스페인' 하면 빼놓고 이야기할 수 없는 존재다.

재료	만드는 법
레드 와인, 파인애플 맛 환타, 얼음	• 큰 유리잔에 얼음을 가득 넣고 레드 와인을 2/3 정도 채운다. • 그 위 빈틈은 파인애플 맛 환타로 채운다.

La Rioja

04
리오하

와인 숙성의
비밀

무가의 가족들에게 그런 힘이 있었다.
윈손을 펼쳐 새로운 것을 잡을 줄는 데 두려움이 없었다.
그렇기에 토레 무가가 탄생할 수 있었고 지금의 무가가 있게 될 것이다.

스페인 와인, ──────── 그까짓 것

● 토레 무가 와이너리 전경.

"와인 하면 프랑스나 이탈리아지. 그 다음이 미국, 호주, 칠레 정도일 테고."

K의 말대로 우리나라 사람들에게 스페인 와인은 좀 낯설다. 국내 레스토랑 와인 리스트에 이름을 올린 스페인 와인의 비중이 다른 유럽 국가에 비해 그리 높지 않고, 비교적 저가 와인이라는 인식이 자리 잡혀 있기 때문이다. 그런 이유들로 우리는 스페인 와인을 자주 접할 기회가 없었다. 하지만 실제로 스페인 와인의 위상은 우리가 생각하는 것보다 훨씬 더 높다. 세계 3위의 와인 생산국이자 와인 수출국이며 또 와인에 브랜디를 섞어 발효한 높은 도수의 달콤한 술인 셰리는 전 세계적으로 스페인을 대표하는 것 중 하나

이기도 하다.

스페인 북부 지역의 리오하Rioja와 리베라 델 두에로Ribera del Duero는 스페인 와인 산지로 가장 손꼽히는 도시이고, 그중에서도 우리는 리오하에 주목했다. 19세기 무렵, '필록세라'라는 병충해가 퍼져 포도나무 밭이 황폐화되면서 와인을 생산할 수 없었던 프랑스 와인 장인들이 스페인 리오하에 내려와 와인을 만들며 와인 제조 기술을 발전시켰던 특별한 역사를 갖고 있고, 마을 전체가 와이너리라고 해도 무방할 정도로 온 동네에 와인의 흔적이 가득하며 국내에서 스페인 와인이 낮은 인지도를 갖고 있는 와중에도 '토레 무가Torre Muga'만큼은 그 소문을 익히 들어왔기 때문이다. 토레 무가를 만든 무가의 와이너리가 바로 리오하에 있었다.

리오하는 마드리드에서 북서쪽으로 세 시간 30분 정도, 약 350km 떨어진 곳에 있다. 리오하 알타Rioja Alta, 리오하 알라베사Rioja Alavesa, 리오하 바하Rioja Baja 등 크게 세 개 지역으로 나뉘어 있고, 그중 와인 산지로 높게 평가받는 곳은 리오하 알타다. 우리는 무가 농장이 있는 리오하 알타의 중심지 아로Haro를 찾았다.

아로에서 가장 놀라웠던 점은 포도밭과 와인 공장만 들르는 버스 노선이 따로 운영되고 있다는 것이었다. 이들 버스는 와이너리를 찾는 직원들과 관광객들을 위한 것이고, 그것으로 오랜 세월 동안 와인을 중심으로 단단하게 형성되어온 도시의 산업과 문화를 어렴풋이 짐작할 수 있었다. 아로에 사는 대부분의 마을 사람들은 와인 산업에 종사하고 있고, 웬만한 레스토랑에 가도 와인 가격이 매우 저렴하며 아무거나 골라 마셔도 실패하는 일이 없을 만큼 이곳에서 경험하는 와인은 대체로 완벽 그 자체다.

우리는 결국, 올리브 왕국 안달루시아와 스페인의 식재료 창고인 중부 지역의 라만차를 지나 와인의 도시 리오하에 당도하게 되었다.

가족의 식재료를
직접 만든다는 것의 의미 _____

지나가는 차창 밖으로 알파벳 M자가 돋보이는 현판과 대형 오크통의 조형물이 보였다. 아로 중심에 있는 무가의 입구였다. 화려한 입구를 지나 도착한 농장 사무소. 등 뒤에서 기척이 들려왔다.

"누구 찾아요?"

드라이어로 곱게 띄운 짙은 금발 머리와 하늘거리는 블라우스, 나긋한 목소리가 인상적인 기품 있는 여성이었다.

"안녕하세요. 한국에서 왔는데요. 후안 무가를 만나러 왔습니다."

금발의 할머니는 우리를 건물 안으로 안내했다. 건물 2층 복도 끝에 자리한 방은 화려했고 벽에는 여러 개의 흑백 사진들이 걸려 있었다. 한눈에 봐도 시대에 따라 달라진 가족들의 사진 같았다.

"여기, 이게 나예요."

할머니는 사진을 보며 자신이 무가 가족이라고, 우리가 만나기로 한 후안의 숙모라고 했다.

할머니는 조카의 손님을 반갑게 맞으며 작은 음식을 내어주었다. 반짝거리는 화이트 아스파라거스와 핑크빛의 와인 소금, 화이트 와인이 방으로 들

● 무가 가문의 옛 가족사진.

● 부드럽고 우아한 화이트 아스파라거스 요리.

어왔다. 성인 엄지손가락보다 더 두꺼운 화이트 아스파라거스는 부드럽게 익힌 것이었다. 가지처럼 몰캉몰캉하면서도 줄기의 힘은 살아 있어 서걱서걱했다. 그 위에 무심하게 뿌린 와인 소금은 요리에 쌉쌀한 맛을 더해주었고 아스파라거스에 그윽한 와인 향기를 남기고 사르르 녹아 사라졌다. 화이트 아스파라거스의 크기는 우리를 압도했다. 이토록 굵고 꽉 찬 아스파라거스는 처음이었고, 그 순간만큼은 아스파라거스의 크기와 행복의 상관관계가 정확히 비례한다는 걸 알 수 있었다. 크기만큼 진하고 깊었으며 오래도록 여운이 남았다.

"아스파라거스는 리오하에서 재배한 거예요. 리오하 아스파라거스는 맛도 달고 튼실해서 스페인 내에서도 알아주는 작물이죠. 올리브유와 와인 소금은 우리 집에서 직접 만드는 것이고요."

무가 가족은 와인뿐만 아니라 올리브유와 와인 소금, 초리조 등 다양한 식재료를 직접 만들기도 하는데 대체로 가족과 손님들을 위한 것으로 소량만 제작한다고 했다. 좋은 재료로 정직하게 만드는 가족만의 식재료가 있다는 것이 꽤 특별하게 다가왔다. 그렇게 된다면 언제든 믿을 수 있는 건강한 재료로 밥상을 가득 채울 수 있을 것이고 가족의 취향과 입맛에 맞춰 온전히 만족하며 매일의 밥상을 즐길 수 있을 테니 말이다.

따지고 보면 나의 할머니가 부엌의 주인이던 어린 시절만 해도 집집마다 식재료를 만드는 것은 당연한 일이었다. 고추장, 된장처럼 음식의 기본이 되는 장뿐만 아니라 콩을 갈아 두부도 만들고 검은 천을 덮어 콩나물도 키웠으며 온갖 장아찌와 말린 생선, 부각과 조림 반찬들도 모두 집에서 만들어 먹었다. 집집마다 전해져 내려오는 입맛에 따라 조금씩 만드는 방법이 달랐고 혹여 취향이 다른 가족이 있어도 집 반찬을 고루 나눠 먹고 나면 식구들의 입맛은 찬찬히 비슷해져 갔다. 하지만 집집마다 조리법이 다르다고 해도 음식을 맛있게 만들기 위한 한 가지 규칙만큼은 모두 같았는데, 되도록 좋은 재료를 될 수 있는 대로 많이 넣어 만든다는 것이었다. 신선한 재료들을 많이 활용해 만들어서 그랬는지 몰라도 그때 먹었던 반찬들의 맛이 왠지 더 진했던 것 같고, 오래도록 기억에 남는다. 그때는 직접 만든 식재료의 맛이 당연한 줄 알았는데 오래 지나지 않은 지금은 쉽게 느껴볼 수 없는 것이 되었다. 얼굴 모르는 누군가의 입맛을 돈 주고 구입하는 것이 보편적인 일이 되어버렸고 텔레비전이나 SNS에서 본 누군가의 입맛을 따라하고 거기에 길들여지게 됐다. 조리법은 물론 먹는 방법까지. 그런 와중에 후안 가족이 오일과 와인 소금 등 요리에 기본이 되는 재료들을 직접 만든다는 말을 듣고 나니 오롯이 가족을 위해 만든 식재료가 있고 그것을 넉넉히 만들어두는 일이 얼마나 귀한 일이었는지, 그 의미를 이제야 알 것 같았다.

기품 있는 할머니와 화이트 아스파라거스 요리는 어딘가 닮은 구석이 있었다. 부드럽고 온화하면서도 반짝거리는. 할머니는 벽에 걸린 사진을 보며 지나온 무가의 이야기를 들려주었다. 무가에 대해 말하기 위해 그녀는 아주 멀리, 16세기까지 거슬러 올라가야 했다. 무가의 선조들은 16세기 무렵부터 포도밭을 운영해왔다. 그곳에서 재배한 포도를 인근 와이너리에 판매했고, 이후에도 오랫동안 포도 농장을 이어가며 아로 지역 와인 산업의 근간을 이뤄왔다. 이후 1932년부터는 와인 제작에도 직접 뛰어들게 되었는데, 이삭 무가 마르티네즈가 그의 아내 아우로라 카뇨를 만나 무가만의 와인 제조 공정을 만들기 시작한 것이 계기가 되었다. 이후 그들의 아들들과 일가친척들이 함께 힘을 보태면서 포도 농장 운영과 와인 생산, 판매 유통 등의 일을 모두 맡아 이어가고 있다.

토레 무가는

도전의 맛

가족사진과 빛나는 화이트 아스파라거스가 함께했던 작은 방에 후안이 찾아왔다. 우리는 무가 가족에 대해 더 많은 이야기를 나누고 싶었다.

우리가 무가를 주목하게 된 이유는 단 하나, '토레 무가' 때문이었다. 단단한 마니아층을 형성한 와인. 비교적 짧은 숙성 기간에도 토레 무가는 강렬한 오크향과 포도 특유의 묵직함을 잘 구현했다는 찬사를 받으며 젊은 감각의 모던한 와인으로 평가받아왔다. 후안은 이런 토레 무가에 대한 자부심을 숨기지 않고 드러냈다.

"토레 무가를 만들기 위해 새로운 양조 방식을 도입했어요. 템프라니요, 마수엘로, 그라시아노 세 개 품종의 포도를 각각 양조한 뒤에 다시 섞는 방식이었어요."

실험적인 도전을 감행한 이후 무가는 세계적인 주목을 받게 되었고 더 많은 시도를 이어갈 수 있는 자신감을 얻었다고 후안은 말했다.

"그런데 토레 무가를 마시고 난 뒤에 보르도 와인이 떠오르던걸요. 어딘가 보르도 와인과 비슷한 느낌이 있어요."

K의 말에 후안은 놀란 눈을 하며 고개를 끄덕였다.

"맞아요. 보르도 와인에 영감을 받아 만들었던 거예요. 보르도 와인처럼 몇 가지 포도 품종을 블렌딩한 것도 그렇고, 숙성 초기 단계에서도 무게감

● 무가 와이너리 가족. 후안 무가(오른쪽)와 그의 친척들.

을 느낄 수 있고 오래도록 은은한 향을 남기는 점이 보르도 와인의 성격을 닮았지만 그러면서도 무가만의 특징을 담아내고 싶었어요."

K에게도 후안에게도 유쾌한 발각이었나. 후안은 또 한 번 목표를 날성했다는 것을 입증하게 됐고, K는 숨어 있던 탄생의 비밀을 발견해냈다는 즐거움을 느꼈다. 토레 무가의 성공에 힘입어 후안은 이후에도 실험적인 양조법을 계속 연구하고 있다고 말했다. 후안의 말을 들을수록 무가 가족을 웃게 하는 것은 용기나 도전 같은, 어떤 과감함인 것 같다는 생각이 들었다.

살아온 시간이 더해질수록 점점 더 안전하고 싶어진다. 어릴 적엔 있는 힘껏 발길질을 하며 롤러스케이트를 탔고, 그러다가 크게 넘어져 피가 철철 흘러도 그러려니 했는데, '별거 있어?'라며 무작정 저질러보는 게 특기였는데 이제는 몸보다 생각이 앞선다. 어쩌면 다시 쉽게 얻을 수 있을 만큼 작은 것인데 지금 움켜쥐고 있는 것들이 손에서 빠져나가버릴까 초조해져서 손

● 와인을 마시며 무가 이야기를 전하는 후안.

을 더 꼭 쥐게 된다. 그래서 새로운 누군가가 나타나거나 생각지 못한 기회가 찾아와도 덥석 잡을 용기가 안 난다. 지금 가진 걸 하나도 버리고 싶지 않다는 욕심에, 그러다가 다 잃을 것 같다는 두려움에 손이 꽁꽁 얼어버려서.

같은 해에 같은 회사에서 일을 시작한 동료가 얼마 되지 않아 회사를 그만두고 이직을 한 적이 있었다. 그 뒤에도 그가 몇 번의 이직을 거듭하는 동안 나는 늘 같은 자리에 앉아 두 손을 쥐고 꼼짝 않고 있었다. 새로운 일에 도전할 수 있는 기회가 종종 있었지만 어떤 변화가 찾아올지 두려워 선뜻 잡지 못했다. 그런 뒤 꽤 시간이 흘렀고 오랜만에 만난 동료는 내가 있는 지점에서 한참 멀리 가 있었다. 그가 겪었던 사람과 환경과 일들은 나의 경우보다 훨씬 더 많고 다양했으며, 나는 아직 뒷산의 나무들을 보고 있는데 그는 이제 한라산이나 백두산 같은 큰 산을 볼 준비를 하고 있었다.

무턱대고 변화를 주는 것이 더 좋다는 말은 아니다. 다만 기회가 왔을 때 손을 뻗을 수 있는 용기에서부터 새로운 것이 생겨나는 것 같다. 새로운 것을 잡기 위해 손을 뻗는 용기는 안주하려 할 때의 마음과 달리 강력한 힘을 갖고 있다. 용기는 사람을 바꾼다. 평온한 일상을 버리고 새로운 세계로 들어가 처음부터 다시 시작하기를 각오하는 마음과 거기에서부터 생겨나는 에너지도 마찬가지다. 그런 용기가 다른 사람보다 더 빠르게 자랄 수 있는 힘이 되는 건 어쩌면 너무나 당연하겠다.

무가의 가족들에겐 그런 힘이 있었다. 포도밭을 운영하다가 돌연 와인을 만들기 시작했던 것도 그렇고, 와이너리 설립 이후 오래도록 이어온 역사를 지키면서도 실험을 이어가며 손을 꽉 쥐고만 있지 않았다. 쥔 손을 펼쳐 새로운 것을 잡는 데 두려움이 없었다. 그렇기에 토레 무가가 탄생할 수 있었고 지금의 무가가 있게 된 것이다.

그들의 말을 계속 씹어 삼키다 보면

20분가량 차를 타고 와이너리로 향했다. 무가의 와이너리는 아로를 감싸고 있는 오바렌세스 산 아래 굴곡진 능선을 따라 곳곳에 흩어져 있었다.

무가에서는 여섯 개 품종의 포도를 재배한다. 그중 리오하의 토착 품종인 템프라니요와 가르나차가 가장 많은 비중을 차지하고 이 외에도 마주엘로, 그라시아노, 청포도 품종인 비우라 등이 있다. 그중에서도 후안은 와이너리를 함께 다니는 동안 템프라니요라는 단어를 몇 번이고 거듭해 말하곤 했다. 그런데 와인 초보인 내게 그 이름은 입에 잘 붙지 않았다. 카베르네 소비뇽, 멜롯, 피노누아, 샤도네이 같은 이름은 한번쯤 들어봤는데 템프라니요라니.

"리오하에서 가장 많이 재배되는 포도 품종이 템프라니요예요. 템프라니요는 향이 짙고 오래 묵히면 묵힐수록 더 다양한 매력을 느낄 수 있는 품종이죠."

후안은 템프라니요를 매력적인 포도라고 말했다. 포도 껍질이 두껍기 때문에 와인으로 숙성시키고 나면 더 짙고 깊은 보랏빛을 띠어 보기에도 훨씬 아름답고 짧은 기간 숙성시켜도 무게감을 느낄 수 있다고. 이러한 매력 덕분에 템프라니요 포도 품종은 스페인 와인에 있어 지대한 영향을 미치고 있고, 그중에서도 리오하는 템프라니요 재배 비중에 있어서 절대적 우위를 차지하고 있다고 했다.

그 말을 듣고 나니 전에는 한 번도 보지 못했던 세상에 눈을 뜬 것 같았다. 무심코 지나치던 간판에서, 레스토랑의 와인 메뉴와 와이너리의 메모 등 곳곳에서 템프라니요라는 단어에 눈길이 가닿기 시작했다. 갓난아이가 태어나 자라면서 모국어를 배울 때처럼 새로운 단어에 눈을 뜰 때마다 새로운 세상을 알게 되는 것 같았다. 기왕 이렇게 된 거 좀 더 눈을 크게 뜨고 싶었다.

"후안, 와인에 있어 자주 쓰는 말은 또 뭐가 있어요?"

"와인을 부르는 말이죠. 화이트 와인은 비노 블랑코 Vino Blanco, 레드 와인은 비노 틴토Vino Tinto, 로제 와인은 비노 로자도Vino Rosado 라고 불러요."

와인을 부르는 말의 모양과 느낌이 으레 그럴 것이라 생각했던 것과 사뭇 달라 조금 놀랍기도 했다. 하긴, 그런 감상도 결국 유일하게 알고 있는 외국어인 영어에서부터 시작된 연상 작용에 의한 것일 테지만. 스페인에서 와인을 부르는 말은 이것말고도 훨씬 더 다양했다.

"숙성 기간에 따라서도 이름을 다르게 불러요. 크리안자, 레제르바, 그란 레제르바라고 부르기도 하죠."

후안의 말에 따르면 그것들을 나누는 리오하 사람들만의 기준이 따로 있다고 했다.

"레드 와인의 경우는 배럴(최대 330리터급 대형 오크통)에서 1년 이상, 병에서 1년 이상 숙성시킨 것, 화이트 와인과 로제의 경우 배럴에서 6개월 이상 숙성시킨 것은 크리안자Crianza라고 해요. 레제르바Reserva는 총 3년간, 레드 와인의 경우 배럴에서 1년 이상, 병에서 2년 이상, 화이트 와인

● 무가의 와인 저장고와 포도 농장.

과 로제의 경우 배럴에서 6개월 이상, 병에서 1년 이상 숙성한 것이고요. 그 란 레제르바Gran reserva는 배럴에서 18개월 이상 숙성해 병에서 60개월 이상 숙 성시킨 것이고, 화이트 와인과 로제는 배럴에서 6개월 이상, 최종 48개월 이 상 숙성시킨 것을 말해요. 오랜 시간에 걸쳐 숙성된 것일 수록 맛의 레이어 가 다채로워져서 더 높은 가치가 매겨지게 되는 거예요."

후안은 이 이름들이 복잡한 숙성 단계를 군이 설명하지 않아도 대략의 맛 과 깊이를 가늠할 수 있게 도와준다고 했다. 그렇기에 매일 와인을 즐겨 마시 는 리오하 사람들이 하루 한 번 이상은 언급하는 단어일 거라고 덧붙여 말하기도 했다.

　어떤 사람이 자주 쓰는 단어나 문장들은 그 사람을 해석할 수 있는 좋은 단서가 된다. 단어는 단어가 속한 세계의 문화를 품고 있고 그 단어를 쓰는 사람의 생각과 마음을 담아내기 때문이다. 가까운 사이, 비슷한 생각을 공유하는 사이일수록 같은 말을 하고 같은 단어를 쓰는 것도 그런 이유에서일 것이다.

　비노 블랑코, 레제르바, 템프라니요…. 와인을 가리키는 후안의 단어를 건네받고는 얼마간 입으로 우물거렸다. 와인을 입 안에 넣고 흔들며 깊이를 느끼듯이 각각의 단어들을 입 안에 넣어서 굴리고 이를 탁탁 부딪쳤다가 씹어서 삼켰다. 그리고 윤동주의 시 「별 헤는 밤」에서처럼 이제껏 끼니를 함께했던 스페인 식구들의 이름과 식탁에서 나눴던 단어들을 떠올렸다.

　살루드Salud, 파밀리아Famillia, 무이 비엔Muy Bien, 마드레 미아Madre Mia, 알레그리아Alegria…….

　그들이 우리에게 자주 건넸던 말들을 주워 모았다. 단어 하나하나를 떠올릴 때마다 사람들의 표정과 목소리와 의미, 그때의 풍경들이 머릿속에서 다시 살아났다. 그 말들을 떠올릴수록 함께했던 시간이 더 입체적으로 그려지고 장면마다 갖고 있던 색깔도 훨씬 더 짙어졌다. 지금 생각해도 그들의 말을 한사코 따라 해보려 했던 건 정말 잘한 일이었다. 그 말들을 계속 씹어 삼키다 보니 그때의 사람들과 함께 했던 시간들이 더 오래도록 각인이 되었다.

오래된 것을

지키는 일에 대하여

헤수스 아즈카라테Jesus Azcarate. 스페인 와이너리를 통틀어 몇 안 되는 오크 장인이 여기 무가에 있다. 요즘 스페인에서는 스테인리스 스틸 탱크에 담아 와인을 숙성시키는 방식이 늘고 직접 오크통을 만드는 곳이 줄고 있는데, 무가는 여전히 와인 제조의 전 과정을 오크통에 담아 숙성시키는 전통 방식을 고집하고 있다. 무가는 스페인 전국을 통틀어 모든 오크통을 직접 만드는 몇 안 되는 와이너리다.

무가 저장고에 있는 모든 오크통은 장인 헤수스의 손에서 탄생된 것이다. 그 역시 무가 가족이 그랬던 것처럼 대를 이어 업을 잇고 있는데, 헤수스의 할아버지 때부터 시작해 지금까지 3대째 이어오는 중이고 그의 아들 역시 무가에서 오크통 제조 기술을 익히고 있다. 헤수스는 묵직했다. 꽉 다문 입은 오로지 나무와 교감하기 위해 존재하

● 오크통 장인 헤수스.

● 헤수스가 오크통을 만들고 있다.

● 오크통의 재료가 될 나무들.

는 것 같았다. 묵직한 헤수스의 모습은 이제껏 스페인 농장에서 보지 못했던 새로운 유형이었다. 오크통을 만드는 장인의 수가 적은 만큼 그런 모습은 과연 이 땅에서도 희귀한 것인 듯했다. 그는 무겁고 느리게 오크통이 만들어지는 과정을 설명해주었다.

"매년 기후가 달라지는 만큼 포도의 맛과 향, 성격들이 조금씩 달라져요. 그래서 매해 포도의 특성을 고려한 뒤 거기에 맞는 나무를 선별하는 게 중요하죠. 오크 나무(참나무)는 대체로 프랑스나 미국에서 들여와요. 매번 산지에 들러 나무를 직접 고르죠."

그렇게 고른 나무는 가장 좋은 상태를 유지하는 중간 부분만 잘라 사용한다. 적당한 크기로 자른 나무는 밖에서 비도 맞고 바람도 통하고 해도 쪼이면서 자연의 변화에 유연할 수 있도록 준비 단계를 거친다. 특히 비를 많이 맞은 나무는 포도의 풋내를 더 잘 없앤다고 한다. 오크통을 만들 준비가 끝나면 본격적인 작업에 들어간다. 잘 말린 나무를 원통형으로 이어 붙인 뒤 쇠 링으로 고정을 하고, 작게 자른 자투리 나무에 불을 지펴 원통 안에 연기를 쐬어준다. 훈연의 향을 입히는 것이다.

"와인이 갖는 아로마는 크게 세 가지에 의해 만들어져요. 포도 자체가 갖고 있는 향, 숙성하면서 덧입혀지는 향, 그리고 오크의 향."

오크의 향은 와인을 숙성하는 동안 나무에 입힌 훈연의 영향으로 와인 입자 속속들이 탄닌과 바닐라향을 덧입히고, 이러한 작용은 새로 만든 오크통일수록 더 강력한 영향을 준다. 그러니 해마다 새로운 오크통을 만드는 장인이 와이너리 안에 존재한다는 것은 무가가 가진 와인의 맛과 품질에 대한 고집, 전통 방식을 고수하고자 하는 의지를 그대로 방증하는 것이나 다름이 없다.

후안은 이것 말고도 오랫동안 이어져 내려오는 그들만의 전통이 더 있다고 말했다. 그것은 바로 달걀흰자와 촛불. 도대체 와인을 만드는 데 그런 것들이 왜 필요한 걸까. 그의 설명을 들으니 달걀흰자와 촛불의 쓰임은 너무나 예상 밖이었다.

포도를 추출해 만든 포도액에 효모를 더해 만든 와인을 대형 오크통 안에서 숙성을 시킨다. 적정 기간이 지나면 작은 오크통에 옮기고 이 역시 4개월에 한 번씩 다른 오크통으로 옮겨 담는데, 이때 흐르는 와인을 작고 투명한 컵에 담아 촛불에 비춰 침전물을 확인한다. 이 작업은 맑고 깨끗한 와인을 만들기 위한 과정임과 동시에 와인이 공기와 통하게 하여 숨을 쉬고 더 깊이 숙성될 수 있도록 돕는 과정이기도 하다.

그런 뒤 마지막으로 병에 옮기기 전, 맑고 깨끗한 와인을 만들기 위한 과정을 한 번 더 거치는데 이때 달걀흰자를 사용한다. 레드 와인 100리터당 달걀 두세 개를 넣는데, 용기 안에 넣은 달걀흰자는 액체 안에 떠다니는 불순물을 순수 와인과 분리시켜 빠르게 침전시키는 역할을 한다.

"요즘은 대부분 알부민 등 화학 첨가제를 사용해 침전물을 분리시키지

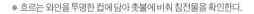
● 흐르는 와인을 투명한 컵에 담아 촛불에 비춰 침전물을 확인한다.

만 우리는 오래전부터 사용했던 방법을 고집하고 있어요. 달걀흰자는 와인에서 나는 풋내나 거친 느낌을 없애고 와인의 질감을 부드럽게 만들어주기도 하거든요."

오랫동안 이어져온 방법을 고집하는 이유는 그들 와인의 맛과 스타일을 지키기 위한 것이고, 오랜 시간에 걸쳐 검증된 것인 만큼 더 안전한 방법이라 생각한다고 그는 말했다. 새로운 것을 위한 시도를 두려워하지 않는 무가 가족도 어떤 면에서는 절대로 포기하고 싶지 않은 것이 있다. 오크통을 만드는 장인과 달걀흰자와 촛불이 그것이다.

"와인은 시간이 더해질수록 가치가 올라가고 더 풍성해져요. 우리의 역사도 마찬가지예요. 오랫동안 쌓이고 이어져온 것들의 가치는 누구도 쉽게 부정할 수 없고 깨트리는 것도 어려운 일이에요. 빠르게 변해가는 세계의 흐름에 맞춰간다는 명목으로 섣불리 변화를 줬다가 아무도 모르는 사이에 중요한 걸 잃고 후회할 수 있는걸요. 새롭게 도입된 기술과 비교해서 우리만의 전통 기술이 큰 차이가 없다면 망설이지 않고 전통의 방법을 택할 거예요. 그게 지금의 우리를 있게 한 힘이고, 우리의 정체성이 될 테니까요."

● 무가를 대표하는 와인들.

우리는 매일

숙성 중이다

넓은 산에 걸쳐 자리한 포도밭과 저수지만 한 대형 배럴과 촛불과 달걀이 있는 저장고를 둘러본 뒤 우리는 화이트 아스파라거스를 닮은 할머니를 만났던 사무실 건물로 돌아왔다. 건물 안에는 다양한 규모의 다이닝룸이 자리해 있었다. 무가는 스페인 전국, 세계 각지에서 온 관광객들을 대상으로 와이너리 투어를 진행하는데 여러 개의 다이닝룸은 와이너리 방문객들이 와인과 음식을 함께 맛볼 수 있도록 마련한 공간이었다. 그런 만큼 셰프가 상주하는 어엿한 주방도 갖추고 있었다.

우리는 여섯 명 규모의 테이블이 있는 작은 방에 자리를 잡았다. 갖가지 색을 입은 모자이크 창문을 통해 화려한 빛이 들어왔고 하얀 테이블 매트 위에는 대여섯 개의 와인잔들이 나란히 서서 빛나고 있었다.

"말만 들어서 뭐가 남겠어요? 직접 마셔 봐야죠." 후안의 말대로 무가를 대표하는 와인들이 우리를 맞이했다. 음식이 순서대로 나왔고, 음식이 바뀔 때마다 와인의 흐름도 바뀌었다. 처음엔 가볍게 로제 와인인 '무가 로자도'로 시작해 '토레 무가 2011', '프라도 에네아 그란 레제르바 2006', 마지막으로 '프라도 에네아 그란 레제르바 1994'까지 나아갔다.

나는 궁금했다. 가족 대대로 와인 사업을 이어온 가정에서는 아이에게 언제부터 와인을 권할까.

"와인을 입에 적셨던 건 아마 태어나자마자였던 것 같고, 본격적으로 와인 테스팅을 시작한 건 열여섯 살 때부터예요."

와인 조기 교육이라. 역시 와인 가문의 후예다웠다. 일 때문에라도 보통 사람보다 더 많은 양의 와인을 마신다는 후안. 숙취로 괴롭거나 속이 편치 않을 땐 어떻게 할까.

"흑마늘Ajo Negro을 즐겨 먹어요. 흑마늘은 젤리같이 달고 부드럽기도 하고 마늘이 가진 좋은 성분으로 먹고 나면 세포가 살아나는 기분이 들어요. 기운도 나고 불편하던 속도 좀 괜찮아져요."

그는 정말로 주머니에서 흑마늘을 꺼내 보였다. 우리는 잠시 눈을 의심했다. 스페인 식탁에서 흑마늘을 볼 수 있으리라고는 상상조차 하지 못했기 때문이다. 그는 웃으면서 말했다.

"한국 사람들이 즐겨 먹는다고 들었어요. 스페인에서도 직접 흑마늘을 만들어 팔아요. 이것도 따지고 보면 와인처럼 숙성시켜 먹는 건데, 적절한 환경을 만든 뒤 긴 시간을 들여 숙성시킨 것들을 보면 어쩔 땐 신비롭기까지 해요. 원래 재료가 가지고 있는 맛과 향이 완전히 다르게 변하기도 하니 말이에요."

후안의 말을 듣고 보니 흑마늘과 와인은 닮은 구석이 있었다. 천천히 시간의 공을 들여 새롭게 찾은 맛. 하지만 흑마늘은 와인보다 더 격렬한 변화를 거친 것이 분명했다. 색과 질감과 맛이 숙성 전과 아주 달라졌으니 말이다.

첫 번째 와인 무가 로자도는 산뜻했다. 시간의 맛보다 포도의 싱그러움이 더 매력적인 와인이었다. 빵과 올리브유에 곁들여 마시니 짧게 톡톡 터지는 스타카토 같은 매력이 돋아났다. 식사의 시작으로 잘 어울렸다. 그 다음은 얇은 튀김옷을 입은 아티초크와 토레 무가, 초리조 수프와 프라도 에네아 그란 레제르바가 짝을 이뤘다. 두 번째 와인 토레 무가가 무겁고 두툼하게 느껴지며 약간의 알싸한 맛을 지녔다면 그에 비해 프라도 에네아는 훨씬 성숙하고 부드러운 와인이었다. 조금 더 고급스러운 느낌을 갖고 있었다.

K도 M도 동의한 바, 지금까지는 토레 무가가 한 수 위였다. 우리는 코끝에서부터 퍼지는 진한 오크의 향에 압도당했고 강한 탄닌감과 오래도록 머무는 묵직한 보디감에 깜빡 홀렸다. 강렬하고 또 강렬했다. 혀에 닿는 느낌은 아주 거친데 목으로 넘어가는 순간은 부드러웠다. 첫 입은 홧홧한데 끝에서는 과일의 새침함도 느껴졌다. 이것은 마치 퀸의 '보헤미안 랩소디' 같다고나 할까. 아주 강렬한 록이 이어지다가 갑자

기 느린 템포와 달콤한 멜로디로 바뀌는 부분, 그런 흐름의 박자와 호흡과 힘
의 세기와도 닮은 것 같았다. 음식과 와인의 조화를 따지고 봤을 때도 토레 무
가 커플에 손을 들고 싶었다. 매콤한 파프리카 국물에 매콤한 소시지 초리
조가 더해진 수프의 맛은 진했다. 음식이 프라도 에네아의 매력을 온전히 들
여다보지 못하도록 두꺼운 커튼을 치는 느낌이었다. 하지만 아티초크와 토
레 무가는 꽤나 잘 어울렸다. 얇은 튀김옷을 입은 아티초크는 부드럽고 달
콤했다. 잠깐 말캉거리다가 따뜻하게 녹아 사라지는 아티초크는 토레 무가
의 텁텁하고 매운 느낌을 온화하게 바꿔주었다.

토레 무가도 물론 훌륭했지만 사실 K와 M의 관심은 처음부터 마지막 와인에 집중되어 있었다. 이날 준비된 와인 중 가장 오래 숙성된 와인, 1994년 올드 빈티지. K는 오래된 와인을 앞에 두고 내내 감격했고, 후안은 이들의 흥분된 마음을 더 부추겼다.

"이건 더 이상 판매하지 않는 와인이에요. 귀한 손님들이 왔을 때만 꺼내는 선물과도 같은 것이죠."

그렇다. 드디어 선물 같은 와인을 맞이할 차례가 왔다. 후안은 세 번째 와인을 따르는 것과 동시에 네 번째 순서인 가장 오래된 와인도 코르크를 열어 디캔터에 담았다. 와인 초보인 내게도, 와인 애호가인 M과 K에게도 1994라는 숫자는 꽤 엄청난 것이었다. 그렇게 오래된 빈티지 와인을 접해본 것은 처음이었던 데다 와인 애호가들이 극찬하는 빈티지이기도 했기 때문이다.

"리오하 지역에서 1990년대 와인 중 최고로 꼽는 것이 1994년 빈티지예요. 그해 작황이 좋았거든요. 3년간의 가뭄이 끝나고 찾아온 여름은 아주 뜨겁지도 않고 공기는 습기 없이 맑았어요. 그런 기후 속에서 템프라니요와 가르나차 품종이 유독 빨리 자랐고, 예년에 비해 일찍 수확을 했죠. 전설로 불리는 1964년 빈티지와 비교될 정도로 정말 좋은 빈티지예요."

후안의 부연 설명이 이어졌고, 들을수록 와인의 속내가 더 궁금해졌다. 행운처럼 찾아온 완벽한 날씨가 만들어낸 와인은 과연 어떤 신비로운 매력을 품고 있을까.

그러고 보면 와인에 있어서 날씨는 정말 중요한 재료다. 매번 달라지는 날씨는 포도의 생을 좌우하고 그에 따라 와인의 성패도 결정짓는다. 그래서 와인을 '신의 물방울'이라고 하는 것인지도 모르겠다. 자연의 힘을 빌어 짓는 모든 농사가 그럴 테지만, 작은 변화에도 예민하게 변하는 와인은 과연 날씨를 주무르는 신의 의지의 산물인 것 같다. 신이 적극적으로 도와 완성된 와인은 어떤 맛일까. 그런 생각을 하면서 나는 디캔터에 담긴 오래된 와인의 루비처럼 빛나는 몸통을 지그시 바라보았다.

"공기 중에 노출시키면서 좀 더 부드럽게 하는 과정을 거치는 거예요. 코르크 마개를 열고 바로 마시는 것보다 이렇게 하면 풍미가 더 살아나죠. 오래된 것일수록 이런 과정이 더 중요해요."

어렵게 입을 맞춘 프라도 에네아 그란 레제르바 1994는 앞서 경험했던 토레 무가와 프라도 에네아 그란 레제르바 2006에 비해 훨씬 가볍고 맑았다. K와 M은 오래된 와인이 "딱 내 스타일"이라고 말했다. 둘은 호들갑스러운 반응으로 와인에 대한 상찬을 격렬히 표현했다. 그런 그들의 상찬이 이어지는 가운데, 나는 불쑥 후안의 와인 취향이 궁금해졌다.

"후안은 무가 와인 중에서 가장 좋아하는 와인이 뭐예요?"

"흠… 그런 건 정말 답하기 힘든 질문이에요. 그날의 감정과 날씨, 주변의 분위기에 따라 떠오르는 와인도, 맛있다고 느껴지는 와인도 모두 다르니까요. 그러니 어떻게 하나를 꼽을 수가 있겠어요?"

그의 말을 듣고 보니 내 질문이 좀 바보 같았다는 생각이 들었다. 세상에서 좋아하는 게 어떻게 단 하나일 수 있겠는가. 세상도 우리도 이렇게 변덕스러운걸.

"그럼 이 정도면 좋은 와인이겠다, 하는 후안민의 기준은요?"

"분명한 건 오래될수록 좋아진다는 거예요. 그리고 그건 꼭 와인에 국한되는 문제는 아닌 것 같아요. 사람이든 와인이든 어린 것은 당장 입에 맞을 수 있겠지만 그 이상의 다른 매력은 없어요. 깊지도 않고요. 하지만 나이가 들고 나면 생각도 깊어지고 성숙하게 되죠. 어떻게 크고 자라는지에 따라 그 사람의 진면모가 달라지기도 하고요. 와인도 마찬가지인 것 같아요. 분명한 건 시간이 흐를수록 더 다채로워진다는 거예요."

후안과 이야기를 할수록 점점 확신하게 된 것인데 그는 와인의 숙성, 즉 에이징aging에 대해 유독 관심이 많고 그것의 의미를 좀 더 특별하게 바라보았다. 부패하지 않고 잘 익게 하려면 온도와 습도 같은 환경의 작은 요소들을 아

● 후안과 함께 즐긴 무가 와인들.

주 잘 보살펴야 하고 자연이 흐르는 방식대로 따르며 얼마간의 시간을 참고 기다려야 한다. 인위적으로 시간을 앞당길 수 있는 일이 절대 아니다. 최소한의 조건과 시간을 지켜야 비로소 깊거나 달거나 하는 의미 있는 맛을 얻어낼 수 있다는 걸 그는 알고 있었다. 그리고 그런 숙성의 메커니즘이 비단 와인에 국한되지 않는다는 것도. 와인도 흑마늘도 사람의 인생도 관계도 그렇다. 아마도 그는 오랜 세월 와이너리를 오가면서 와인의 생애를 비춰 인생을 배웠던 것 같다.

우리는 매일 숙성 중이다. 부패하지 않고 좋은 사람으로 거듭나기 위해 자기에게 맞는 환경을 찾고, 환경으로부터 성장의 양분과 일상의 자극을 받는다. 그런 경험들이 하나둘씩 쌓여갈수록 우리는 더 깊이 생각하고 다양한 시각으로 세상을 보게 된다. 물론 그 환경이 비단 '좋은 것'일 수만도 없고 꼭 그래야 한다고 생각하지는 않는다. 어떤 환경 속에서 무언가를 경험하면서 시간의 한 토막을 넘어간다는 것, 그 자체가 중요하다. 그래서 숙성을 위해 가장 필요하고 중요한 재료가 바로 시간인 것이다. 흘러가는 시간 속에서 겪은 얼마간의 일들은 이전의 나보다 조금 더 나은 사람으로 만들어주고 결국 더 깊은 맛이 나게 한다.

"사람과 와인은 그런 면에서 보면 참 닮은 것 같아요. 그렇죠?"

후안의 말을 다시 떠올려볼수록 더 많은 생각이 드는 건 아마도 그런 이유에서일 것이다.

스페인을 대표하는
미식 도시,

산세바스티안

"산세바스티안 음식을 먹어보지 않고는 스페인 음식에 대해 안다고 할 수 없어요."

후안은 우리와 헤어지면서 산세바스티안San Sebastian의 음식을 꼭 먹어 보라는 미션을 던져주었다. 그는 무가에서 아주 가까운 곳에 산세바스티안이라 불리는 미식의 천국이 있다고 했다. 스페인 바스크 지역에 속한 산세바스티안은 비스키 만에 둘러싸인 휴양지다. 한적한 대서양 바다와 도시 전체를 한눈에 내려다 볼 수 있는 산, 몬테 이겔도Monte Igueldo로 대표되는 자연 경관 덕분에 오래전부터 에스파냐 왕실과 귀족들이 즐겨 찾는 피서지로 알려졌고 인근 프랑스와 이탈리아 등 유럽의 교역을 잇는 무역항이기도 했다. 그리하여 유럽 각지의 식재료가 풍성했고 왕실 요리부터 서민 요리까지 다양한 조리법이 발전하게 됐다. 이러한 명성을 이어 온 산세바스티안은 현대에 들어 미식의 도시로 널리 알려지기 시작했고 전 세계를 통틀어 미슐랭 스타 레스토랑이 가장 많이 밀집해 있는 도시 중 하나가 되었다.

미식의 나라 스페인을 대표하며 미식의 정점을 찍은 도시 산세바스티안의 근간을 지탱하고 있는 것은 다름 아닌 '핀초 바Pintxo Bar'다. 핀초는 스페

인 북부 바스크 지방의 말로, 일반적인 타파스Tapas와 비슷한 개념. 작은 양의 음식이나 가볍게 먹는 핑거 푸드를 말하는데, 대체로 바게트 위에 다양한 재료를 올린 뒤 이쑤시개로 고정시켜 완성한다.

"기분이 안 좋을 때면 산세바스티안의 핀초 골목을 찾아가요. 싱싱한 재료로 만든 핀초를 먹고 나면 한결 기분이 좋아지거든요."

후안은 산세바스티안의 핀초 골목이 탄산음료 같은 곳이라고 했다. 그곳에서 핀초를 먹는 것만으로 청량한 기운이 몸속 가득 퍼지면서 머리가 맑아진다는 것이다. 그것 말고도 후안은 우리가 산세바스티안을 가야 하는 이유를 장황하게 늘어놓고는 종이와 펜을 집어 들어 무언가 적기 시작했다.

Parte Vieja

Ganoarias, Ganbara, La Cepa, La Vina, Bernardo, Rest. Sebastian

"산세바스티안은 신시가지와 구시가지로 나뉘어져 있는데, 무조건 구시가지Parte Vieja로 가야 해요. 거기에 핀초 바들이 다 모여 있거든요. 그중에서도 가장 감동적인 몇 군데를 꼽아줄게요."

후안은 핀초 골목이라면 어디를 가도 충분히 만족스러울 거라고 말하면서도 꼭 가야 할 레스토랑을 골라 리스트를 적어주었다.

오후 일곱 시, 아직 저녁 식사를 시작하기엔 이른 시간이었지만 핀초 골목에는 벌써부터 사람들이 모여들기 시작했다. 후안이 알려준 핀초 바 중 한 곳인 '간바라Ganbara'도 마찬가지였다. 문 밖, 처마 아래에는 높은 스툴을 둔 작은 테이블이 서너 개 있고 1층 내부에는 의자 없이 바 형태의 높은 테이블만 자리해 있었다. 그런데다 1층의 8할 정도는 음식을 만들고 진열하기 위한 공간이었기에 벌써부터 내부는 붐볐고 사람들은 모두 서서 음식을 즐기고 있었다. 바에는 어림잡아 100개는 훌쩍 넘을 것 같은 핀초 메뉴들과 신선한 제철 식재료들이 그릇에 쌓여 있었다. 바게트 슬라이스 위에는 각각 앤초비와 피퀴요, 새끼 뱀장어, 정어리 등 다양한 재료들이 올라가 하나의 요리가 되었다.

주문과 동시에 웨이터는 바 위에 있는 음식을 그릇에 담아 바로 내어줬고 따로 조리해야 하는 것들은 메뉴판에서 골라 주문하면 테이블로 가져다주었다. 새우와 양상추를 마요네즈로 버무린 뒤 빵 위에 올린 것, 바게트 위에 익힌 연어 살을 으깨서 올린 것, 살이 두툼한 앤초비에 구운 마늘을 곁들이고 올리브유, 발사믹 식초, 레몬즙을 뿌린 것, 바게트를 반으로 가른 뒤 그 안에 하몬을 끼워 만든 하몬 샌드위치, 갖가지 종류의 버섯을 올리브유로 볶

204

● 핀초 바 '간바라' 외관.　　　　　● 핀초 바 선반에 진열되어 있는 각종 핀초와 식재료들.

은 뒤 달걀노른자를 얹어낸 요리……. 모든 식재료들은 놀랍도록 신선하고 진한 맛을 냈다.

　그중에서도 앤초비 요리는 정말이지 감동이었다. 살이 너무 두툼해서 어엿한 생선 한 마리를 마주한 느낌이었는데, 비린 맛은 전혀 없었고 가시조차 살살 녹았다. 아주 달고 산뜻했다. 대구과 생선의 알을 뽀얗게 삶은 뒤 화이트 와인 식초와 올리브유로 맛을 내고 양파와 고수를 올려낸 요리는 뜻밖의 발견이었다. 그토록 알차고 거대한 알은 처음이었거니와 알 요리라고 하면 으레 빨갛게 숙성시켜 짠맛 도는 명란젓이나 알탕밖에 떠올릴 수 없었는데, 그런 것들과는 완전히 다른 맛을 마주한 그때의 순간은 충격과 환희 그 자체였다. 거기에 화룡점정으로 고수를 곁들였으니 향신료의 기운이 더해져 더욱 근사한 요리로 완성되었다.

　하몬 샌드위치는 스페인 여행을 하는 동안 심심치 않게 접했던 메뉴 중 하나지만 이곳의 것은 차원이 달랐다. 좋은 품질의 하몬을 쓰는 것도 물론 중요하지만 바게트의 퀄리티도 뛰어나야 한다는 것을 그때서야 알게 됐다. 바게트 빵 위에 다양한 식재료를 올린 뒤 이쑤시개로 꽂아 완성하는 핀초의 특성상 바게트는 핀초 바에서 가장 중요한 재료일 수밖에 없고, 그리하여 핀초 바의 바게트는 그것만 먹어도 혀를 내두를 만큼 상당한 수준을 갖추고 있어야 한다. 간바라의 바게트는 부드럽고 쫀득했으며 씹을수록 단맛이 났다. 짭짤하고 고소하면서 기름기를 적절히 머금고 있는 하몬과 달콤하고 부드러운 빵이 조화를 이루었다. 이곳에서의 하몬 샌드위치는 스페인에서 경험한 것 중 단연 최고였다.

어러 가지 핀초를 경험하는 동안 핀초 골목은 어느새 사람들로 가득 찼다. 우리가 머물던 바의 내부는 발 디딜 틈 없이 사람들로 붐볐고, 모두 서서 핀초 한 접시에 와인을 더해 가벼운 끼니를 즐기고 있었다. 바 테이블 위에 아이들을 앉혀두고 함께하는 가족도 눈에 띄었다. 사람들은 음식을 먹는 것보다 이야기를 하기 위해 모인 것 같았다. 접시 위의 음식은 아주 천천히 줄었고 다양한 결의 목소리가 공간을 가득 채웠다. 사람들은 그렇게 서서 오랫동안 대화를 하고 천천히 핀초를 즐겼다.

핀초 바 간바라를 나와 골목을 걷는데 기시감이 들었다. 간바라에 있던 사람들처럼 골목 안의 모든 사람들이 비슷한 자세와 표정으로 핀초를 즐기고 있었기 때문이다. 아니, 정확히 말하면 골목 전체가 하나의 커다란 핀초 바였다. 사

● 핀초 바 '간바라'의 야외 테이블.

● 하몬 샌드위치.

● 앤초비와 올리브유.

람들은 바깥에 자리한 바 테이블에 나와 몸을 기대고 서서 술과 음식을 번갈 아 먹으며 맞은 편 상대와 긴 이야기를 나눴다. 물론 혼자 온 사람들도 많았는 데, 그들 역시 다른 테이블의 손님들과 더러 말을 섞기도 했다. 꽤 많은 블록 에 걸쳐 형성된 구시가지의 핀초 골목은 외부 세상과는 조금 다른 곳처럼 느 껴졌다. 허공을 떠도는 다양한 핀초의 냄새와 사람들의 말과 말, 곳곳의 버스 킹 그룹들이 만든 멜로디가 한데 뭉쳐 전혀 다른 공기를 만들어냈다. 골목은 시 내 축제를 방불케 했다. 우리는 골목을 걸으면서 마음에 드는 핀초 바에 들어 가 새로운 핀초를 들고 나와 먹고 걸으면서 또 먹었다.

길을 따라 계속 올라가니 골목 끝에 작은 성당이 나타났다. 사람들은 성 당 앞 돌계단에 앉아 한창 축제를 즐기고 있었다. 계단에 앉은 사람들의 발 아 래에는 근처 핀초 바에서 받아온 음식을 담은 그릇과 술잔이 놓여 있었다. 그곳의 사람들은 평소보다 더 고조된 마음으로 밤을 즐기고 있었지만 무턱대고 취하거나 에티켓의 선을 넘는 사람은 아무도 없었다. 늦은 밤의 골목은 핀초와 술과 사람들로 가득했고, 그렇게 왁자지껄한 속에서도 성당 안 신부님은 성당의 문을 활짝 열어두고 바깥의 소음은 괘념치 않는 듯 홀로 예배당에 나와 기도를 올리고 있었다. 모두 하고 싶은 것을 했지만 누구에게도 방해가 되지 않았고 그 무엇도 거슬리는 게 없었다.

핀초 골목은 모두를 위한 광장이었다. 성당의 신부님도, 와인에 뜨겁게 열이 오른 젊은 남녀도, 버스킹을 관람하는 흰 머리 까만 피부의 할머니 할아버지도, 성당 앞을 뛰노는 아이들과 그들의 부모도, 아시아 저편에서 날아온 이방인도 함께할 수 있는 곳. 가만히 앉아 밤 풍경을 보고 있으니 꼭 꿈속의 세상 같았다. 슬픈 이 하나 없고 모두가 황홀한 여름 밤의 꿈. 이들과 함께 마시는 한 모금 와인과 한입 핀초로 달콤한 꿈에 폭 젖어드는 것 같았다.

후안의 말이 맞다. 사이다를 한 모금에 털어 넣을 때 느껴지는 짜릿하고 달달한 기분. 반사적으로 어깨를 옴착거리고 눈썹을 춤추게 하는 청량함. 산세바스티안 핀초 골목에서 우리는 사이다를 마신 것 같은 기분을 흠뻑 느꼈다.

무가 와이너리
Add Barrio de la Estación, s/n, 26200 Haro, La Rioja, España
Tel +34-941 30 47 77

핀초 바 '간바라'
Add San Jeronimo Kalea, 19, 20003 Donostia, Gipuzkoa, España
Tel +34 943 42 25 75

누에스트라 세뇨라 델 코로 성당
Add 46, 31 de Agosto Kalea, 20003 Donostia, Gipuzkoa, España
Tel +34 943 42 31 24

● 핀초 골목을 가득 메운 사람들.

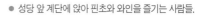
● 성당 앞 계단에 앉아 핀초와 와인을 즐기는 사람들.

와인 소금,
살 데 비노 *Sal de vino*

와인 소금에서 와인 맛이 강하게 느껴지는지 묻는다면 꼭 그렇지는 않다. 하지만 보통의 흰 소금과 비교해보면 다른 구석이 분명 있다. 미각이 예민하다면 끝에 와인의 향과 맛을 느낄 수 있다. 눈으로도 음식을 먹는 당신에겐 '무이 비엔Muy bien(아주 좋다)'. 꼭 보석 가루가 뿌려진 듯, 당신의 음식은 더 아름다워질 것이다.

| 재료 | 레드 와인, 굵은 소금 |

| 만드는 법 | • 미디엄 보디의 레드 와인 한 병을 냄비에 넣고 약불에서 졸인다. |

• 미디엄 보디의 레드 와인 한 병을 냄비에 넣고 약불에서 졸인다.
• 오래도록 끓이다가 딱 2큰술 정도만 남을 만큼 졸면 불에서 내린다.
• 졸여낸 와인은 작은 그릇에 담아 식힌다.
• 굵은 소금 두 컵과 완전히 식은 두 스푼의 와인을 큰 볼에 넣고 고루 섞는다.
• 넓은 쟁반에 유산지를 깔고 그 위에 와인과 섞은 소금을 넓게 펼쳐 하루 동안 서늘한 곳에서 말리면 완성.

비네그레트를 곁들인 화이트 아스파라거스,
에스파라고스 블랑코 *Espárragos blancos*

화이트 아스파라거스. 한국에서는 너무 비싼 식재료이자 쉽게 구할 수 없는 귀한 녀석이다. 무가의 숙모는 거기에 직접 만든 와인 소금과 올리브유를 듬뿍 넣었더랬다. 우아한 할머니를 닮았던 아스파라거스 요리를 처음 접한 뒤 다시 만들어본다. 이번엔 맛이 조금 더 강해도 좋을 것 같아 나만의 레시피를 더한다. 올리브유, 발사믹 식초, 다진 차이브, 디종 머스터드, 소금, 후추로 만든 '차이브&발사믹 비네그레트'를 더한다. 먹어보니 확실히 세다. 여러모로 톡톡 튄다. 이건 나의 모습과 닮아 있을까.

| 재료 | 화이트 아스파라거스, 레몬, 버터, 올리브유, 발사믹 식초, 다진 차이브, 디종 머스터드, 소금, 후추 |

| 만드는 법 | • 한 꺼풀 껍질을 벗긴 화이트 아스파라거스를 서너 개씩 끈으로 묶어둔다. 아스파라거스 두께에 따라 익는 시간이 다르니 되도록 두께가 비슷한 것끼리 묶는 것이 좋다.
• 물, 소금, 레몬즙, 버터를 냄비에 넣고 끓인다.
• 냄비 속 물이 약하게 끓으면 묶은 아스파라거스가 푹 잠기도록 넣는다.
• 아스파라거스가 부드러워질 때까지 약 15분 정도 삶는다.
• 익은 아스파라거스는 냄비에서 꺼내 종이 타월에 올려 물기를 제거한 뒤 그릇에 가지런히 담는다.
• 발사믹 식초, 다진 차이브, 디종 머스터드, 소금, 후추를 넣고 비네그레트를 만든다. 아스파라거스 위에 올리브유를 두르고 차이브&발사믹 비네그레트를 얹으면 완성. |

아티초크 튀김, 알카초파 프리타 *Alcachofa frita*

(POST)
51 흥 20년

아티초크에 콩가루를 입혀 튀기니 고소함이 배가된다. 한 번 더 볶아 바삭함을 잃긴 했지만 대신 입에서 사르르 녹는 부드러움을 얻는다. 이 나라에 와서 매번 느낀다. 지독하게도 모든 재료의 맛을 제대로 살려내고야 마는 사람들. 더함과 덜함이 없는, 칼같이 정확하지만 따뜻한 정이 느껴지는 이 모순적인 맛.

| 재료 | 아티초크, 병아리콩 가루(혹은 튀김 가루), 다진 양파, 다진 마늘, 채 썬 하몬, 완두콩, 올리브유, 소금, 후추 |

만드는 법

- 깨끗하게 손질한 아티초크를 소금, 후추로 간한다.
- 병아리콩 가루를 입혀 노릇하게 튀겨둔다.
- 프라이팬에 올리브유를 두른 뒤 다진 마늘과 다진 양파를 볶고 가늘게 채 썬 하몬과 완두콩을 넣어 얼마간 더 볶는다. 하몬이 가진 짭짤한 맛을 생각해 소금 간은 주의해서 한다.
- 미리 튀겨둔 아티초크를 넣고 2~3분 더 볶는다.

산세바스티안의 핀초*Pintxos*

미식의 도시, 산세바스티안으로 입성한다. 이 작은 도시 안에 미슐랭 스타 레스토랑이 무려 10개가 넘지만 우리의 목적지는 확실하다. 간바라. 후안이 여러 번 언급한 그의 단골 핀초 바로 직진이다. 핀초 한 접시가 끝날 때마다 와인도 함께 한 병씩 사라진다.

모듬 버섯 볶음, 온고스 아 라 플란차*Hongos a la plancha*

재료

각종 버섯, 달걀노른자, 올리브유, 파슬리, 소금, 후추

만드는 법

• 버섯은 먹기 좋게 썬 뒤 종류별로 각각 따로 볶는다. 소금, 후추, 파슬리 외에 별다른 양념은 없다.
• 그릇에 각각 볶은 버섯을 종류별로 올려놓는다.
• 볶은 버섯 한 가운데 달걀노른자를 올린다.
• 무심하게 올린 노른자를 톡 터뜨려 각각의 버섯들과 함께 섞는다. 오믈렛에 버섯 넣을 생각은 하면서 볶은 버섯에 노른자 터뜨릴 생각을 하지 못했다니, 놀라운 발견이다!

연어 무스 핀초,
무스 데 살몬 *Mousse de salmon*

재료 바게트 빵, 연어, 레몬, 월계수 잎, 사워크림, 파프리카 가루, 딜, 아이올리 소스

만드는 법
- 물, 레몬, 월계수 잎을 넣은 냄비에 연어를 넣고 약한 불에서 완전히 익힌다.
- 연어가 익으면 꺼내서 살을 잘게 부순 뒤 한 김 식힌다.
- 푸드 프로세서에 연어 살, 사워크림, 파프리카 가루, 레몬즙, 딜 등을 넣고 매우 곱게 간다.
- 완성된 연어 무스를 한 스푼 크게 떠 작은 빵 조각 위에 올리고 아이올리 소스 역시 듬뿍 올린다. 입 안 가득 느끼한 맛이 퍼지고 바로 따라 들어오는 화이트 와인은 목 끝까지 연어의 향을 안고 간다.

데친 대구알,
우에바스 데 메를루사 *Huevas de merluza*

재료

생대구알, 소금, 통후추, 월계수 잎, 양파 피
클, 고수 잎, 올리브유

만드는 법

• 냄비에 물, 소금, 통후추, 식초, 월계
수 잎을 넣고 끓인다.
• 물이 끓으면 약불로 줄이고 생대구
알을 넣는다. (물이 보글보글 끓지 않도
록 너무 세지 않은 불에 맞춘다. 수란 만
들 때를 생각하면 적절하다.)
• 이 상태로 20분간 그대로 둔다.
• 건져내어 완전히 식으면 한입 크
기로 잘라 양파 피클, 고수 잎과 함
께 꽂이에 꽂는다.
• 여기에 올리브유를 둘러 마무리. 상
큼한 생선 알과의 첫 대면은 그야말
로 환상적이다.

앤초비와 마늘,
안초아 알 아히요 *Anchoa al ajillo*

POST SINCE

재료 멸치회(생 앤초비가 없으니 멸치회로 대신한다), 화이트 와인 식초, 소금, 파슬리, 마늘, 올리브유

만드는 법
- 한국에서 만들려면 꽤 두툼한 멸치회가 필요하다. 기장멸치쯤.
- 깨끗하게 손질한 멸치회에 소금과 화이트 와인 식초를 조금씩 뿌려가며 겹겹이 쌓아 올린다.
- 랩으로 덮어 하루 동안 냉장 보관한 후 꺼내어 용기 또는 접시에 고인 액체를 완전히 제거한다.
- 다진 파슬리와 저민 마늘, 올리브유를 고루 뿌려가며 다시 멸치를 겹겹이 올린다.
- 마지막에는 멸치가 올리브유에 완전히 잠겨 있어야 한다.
- 이렇게 다시 세 시간 저장한 후에 먹는다.
- 그대로 먹어도 더할 나위 없는 이 음식에 뜨거운 마늘 기름을 끼얹어주시는 사장님. 심쿵.

05

엑스트레마두라

온기를 담은
하몬

Extremadura

안토니오와 함께 먹었던 하몬과 소시지에서는 그의 손맛과 기다림이 맛이 그득했다.
안토니오의 친절한 손가락 온도가 하몬과 소시지에 더해지니
그와 그의 음식에 대한 우리의 마음도 사르르 녹아내렸다.

도시의 공기가
켜켜이 쌓여 완성된 햄

우리는 스페인 북부 리오하에서 다시 남서 방향으로 한참을 내려갔다. 약 570km, 5시간 남짓 걸려 도착한 곳은 엑스트레마두라Extremadura 지방의 카세레스Caceres 주. 북으로는 살라망카Salamanca, 남으로 세비야, 동으로 톨레도, 서로는 포르투갈이 자리해 있는 곳으로 스페인의 수도 마드리드보다 포르투갈 국경선에 더 가까이 닿아 있고 도시 곳곳의 이정표에서 이국의 이름을 쉽게 찾아 볼 수 있는 스페인 변방의 도시다.

엑스트레마두라 카세레스. 거센 음이 툭툭 걸리는 이름에서 풍기는 것처럼 도시의 첫 이미지는 거칠고 건조했다. 푸르른 바다와 태양이 넘실대던 산세바스티안, 포도의 싱그러움이 가득했던 아로의 분위기와 달리 이곳에선 누런 소, 까맣고 큰 새들과 큰 몸집의 선인장 무리들이 먼저 우리를 반겼다. 안달루시아 하엔에서 보았던 붉은 빛의 흙보다는 마르고 더워서 먼지를 일으키는 희끗한 땅이 넓게 펼쳐져 있었다.

멀리 엑스트레마두라까지 가게 된 것은 스페인을 대표하는 식재료인 하몬을 만드는 농장에 찾아가기 위해서였다. 정확히 말하면 돼지를 사육하고 하몬을 비롯한 돼지고기 육가공품을 만드는 곳이었다. 스페인에서 생산되는 하몬의 대부분이 이곳 엑스트레마두라와 인근 도시에서 나오는 만큼 우리는 그 어떤 곳보다 이 도시의 농장 풍경을 보고 싶었다. 스페인 사람들의 매일 밥상을 풍요롭게 하는 하몬이 실제로 어떻게 만들어지고 그것을 만드는 사람들은 누구이며 하몬이 그들의 삶에 어떤 의미를 지니는지 궁금했기 때문이다.

하몬은 스페인 사람들이 거의 매일 즐겨 먹는 생햄의 한 종류다. 돼지 뒷다리를 소금으로 염장한 뒤 저온 보관해 말린 것. 같은 방법으로 만들었다고 해도 뒷다리가 아닌 다른 부위를 사용한 것은 하몬이라 부르지 않는다. 어깨살과 이어지는 돼지 앞다리로 만든 햄은 팔레타Paleta, 등심에 양념을 해서 소시지처럼 만들어 말린 것을 로모Lomo라고 한다.

처음 하몬을 접했던 건 2009년쯤이었다. 정확히 말해서 하몬이 아닌 잠봉Jambon이라고 말하는 게 더 맞을 것 같다. 당시 취재를 위해 프랑스의 '포'라는 도시에 있는 돼지 농장을 찾았던 것이 계기가 되었는데, 스페인에서 하몬이라고 하는 것을 프랑스에서는 잠봉이라고 불렀다. 처음 접한 잠봉은 짜면서도 달았다. 소금에 염장을 한 만큼 짠 기운이 살결 깊숙이 박혀 있었는데 살코기에 담긴 단백질과 지방 성분 덕분에 씹고 있으면 침과 섞여 달게 느껴졌다.

스페인식 생햄인 하몬을 맛본 건 잠봉을 접한 이후 한국에서였다. 한 장 한 장 겹친 몇 장 되지 않는 햄이 포장되어 있었는데, 햄의 수량에 비해 터무니없이 비싼 가격에 놀랐던 기억이 생생하다. 그래도 고가의 가격을 무릅쓰고 특별한 날을 기념하기 위해 구입을 했는데 웬걸, 기대 이하였다. 그때의 내게는 솔직히 좀 부담스러운 맛이었다. 처음 맛본 하몬은 잠봉보다 색이 더 진했고 살결이 단단했다. 씹을 때도 부드럽기보다 조금 더 질긴 느낌이었다. 생김새만큼이나 맛도 진했다. 기름이 훨씬 더 많았고 조금은 부담스러운 향이 강하게 따라왔다. 썩 유쾌하지 않은 첫 경험 이후부터는 하몬이 부담스럽게 느껴졌고 그 뒤로 일부러 찾아 먹는 일은 거의 없었다.

그런 뒤 한참 후에 이탈리안 레스토랑에서 프로슈토를 접하게 되었는데, 그때는 먹고 나서 저절로 눈썹이 움찔할 정도로 즐거웠다. 잠봉보다는 덜 짰고 더 담백했으며 하몬과 비교했을 때 기름기도 훨씬 덜하고 고기 특유의 불쾌한 냄새도 거의 없었다. 빛깔도 하몬과 잠봉보다 더 연한 핑크빛을 띠었다. 적절히 간이 되어 있는 고기의 짭짤한 감칠맛에 계속 손이 갔다.

그렇게 닮은 듯하면서도 조금씩 다른 세 나라의 생햄을 접하면서 나는 그들 사이의 차이점이 뭔지, 도대체 맛과 결이 왜 그렇게 다른 건지 궁금해졌다. 이것저것을 찾아보면서 가장 먼저 눈에 띄었던 단어가 있었는데 그것은 각국의 햄 중 최상의 품질을 갖는 것들을 부르는 말이었고, 각각 하몬 이베리코Jamón Iberico, 프로슈토 디 파르마Prosciutto di Parma, 잠봉 드 바욘Jambon de Bayonne이라는 이름이었다. 하몬 이베리코는 이베리코라는 특정 돼지 품종으로 만든 햄을 뜻하고, 프로슈토 디 파르마와 잠봉 드 바욘은 햄을 제조하기에 최적의 자연 환경을 갖추고 있는 지역의 이름을 붙인 것이었다. 그러니까 세 나라의 햄은 돼지 뒷다리를 염장하여 말린 것이라는 점에서 보면 비슷하지만 각각의 지역 환경과 어떤 돼지를 사용했느냐에 따라 각각 다른 개성을 갖게 된 것이다.

이후로도 독특한 고기향과 특유의 짠맛이 그리워질 때면 종종 유럽식 햄을 찾았다. 그럴 때마다 느껴지는 햄의 매력은 조금씩 달랐다. 잠봉과 프로슈토는 처음 맛보던 때의 이미지가 늘 한결 같았지만 이상하게도 하몬만은 먹으면 먹을수록 점점 더 호감형으로 바뀌어갔다. 그러니까 프랑스의 잠봉과 이탈리아의 프로슈토가 첫눈에 반하고 늘 변함없는 맛으로 가볍게 즐길 수 있는 햄이라면, 스페인의 하몬은 알면 알수록 더 생각이 나고 진한 매력을 느낄 수 있는, 뭐랄까 평양냉면 같은 것이었다.

완벽한 하몬을 만들기까지는 소금, 온도, 바람, 습도 등 주변을 둘러싸고 있는 자연의 도움이 반드시 필요하다. 그러니까 마을 인근의 바다와 산과 들이 섞여 만든 도시의 맛에 따라 햄의 맛은 완전히 달라질 수 있다는 것이다. 특히 이베리코 돼지가 특별한 이유는 이베리아 반도 중남부 지역에 오래전부터 터를 잡고 종족을 이어온 토착 품종으로, 스페인 땅의 정통성을 그대로 이어받아 도시의 색깔을 가장 잘 담아내기 때문이다. 게다가 다른 나라의 돼지들과 달리 검정 피부와 검정색 발굽을 갖고 있고, 산에서 나는 도토리를 먹고 뛰어다니며 자라는 이베리코 돼지는 특히 지방과 근육이 고루 발달해 향과 맛, 색, 질감 등이 훨씬 진하고 깊다. 나의 첫 하몬이 짙고 강렬했던 것도, 잠봉과 프로슈토의 개성이 각각 다르게 다가왔던 것도 바로 그런 이유 때문이었을 것이다.

하몬, 잠봉, 프로슈토는 저마다 도시의 맛을 그대로 담고 있다. 어떤 도시에서 태어나 무엇을 먹고 자란 돼지인지가는 맛을 결정하는 데 있어 매우 중요한 요소가 되고, 도시를 이루고 있는 바람과 온도, 도시 인근에서 난 소금, 거기에 도시의 시간이 더해져 비로소 도시의 개성을 담은 햄으로 완성되는 것이다.

박찬욱과 ———— K에게 배운 것

어느덧 6월, 여름의 초입이었지만 날씨는 여름의 절정에 미리 와 있는 것 같았다. 해가 뜨겁게 내리쬐었고 공기는 더웠다. 우리는 이른 아침부터 이글거리는 공기를 헤치고 흙먼지를 날리며 연신 액셀러레이터를 밟아 달려야 했다. 지난 밤 과음 때문에 늦잠을 잤고 결국 약속 시간에 늦게 되었기 때문이다. 어찌 된 일이었냐 하면 지금껏 찾아갔던 농장들에서 이별 선물로 준 와인이 점점 쌓여 더 이상 여행 가방에 담을 수 없는 수준이 되어버렸고, 가방도 비울 겸 와인을 따기 시작했는데 그것이 시나브로 이어지고 만 것이다.

우리는 와인을 마시며 지금껏 만났던 농장 사람들의 이야기를 안주처럼 펼쳤고 그들과 함께했던 순간들이 그리워질 때마다 연거푸 와인을 들이켰다. 그렇게 한 잔 두 잔, 조금씩 취기가 돌았고 그와 동시에 느긋하게 움직이던 몸속 혈액이 속도를 내며 얼굴을 불콰하게 만들었다. 혈액의 질주가 이어질수록 묵혀두었던 말을 내뱉기 위해 입의 운동량도 따라 늘어났다. 스페인 여행을 하며 서울의 먼지들을 대체로 털어버렸지만 끝내 버리지 못한, 여전히 마음에 품고 있던 고민의 찌꺼기들이 튀어나오게 되었다.

앞으로 나는 무슨 일을 하고 어떻게 살아가야 할까. '앞으로'라는 말이 누구에게나 막연하게 다가올 테지만 그때 내게는 더 아득하게 일렁였다. 나는 나의 일이 좋았다. 하루에 가장 많은 시간을 일하는 데 썼고, 영화를 볼 때나 책을 읽을 때, 누구를 만나거나 무언가를 먹을 때마다 예민한 감각들이 먼저 나서서 쓸모 있는 부분을 찾아 일에 필요한 것들을 섭취하고 소화시켰다. 내게 일은 그저 지긋지긋한 물귀신 같은 것이라기보다 단편적일 수 있는 일상을 더 입체적으로 만들어주는 만화경 같은 것이었다. 물론 일이 주는 스트레스와 피로도 분명 무시할 수 없는 수준으로 있었지만 싸운 뒤 곧 화해한 연인처럼 금세 잊고 달콤함을 즐겼다.

그런데 일을 하면 할수록 어떤 불안감이 계속 쌓여만 갔다. 결국 그래봤자 나는 조직의 일원일 뿐이라는 것이다. 커다란 톱니바퀴를 굴리기 위해서 회사가 바라는 일들을 해야 하고 여러 직원들과 힘을 합쳐 바퀴를 움직이면 그만일 뿐, 나의 10년 후 아니 고작 1년 후의 일조차 누구도 보장해주지 않는다는 현실이 피부에 와닿을 때마다 불안하고 두려웠다. 우리 세대는 앞으로 100살이 넘게 살 수도 있다는데 마흔도 안 되어 직장을 떠나야 하는 짧은 직업 수명을 다 채우고 나면 무슨 일을 하며 어떻게 살아야 할까 하는 초조함, 서른 중반쯤에는 어느 정도 인생의 성과를 거둬들여야 하지 않을까 하는 강박이 불러온 걱정들이었다. 그것은 불쑥, 자주 튀어나와 불안과 공포를 조성했다. 주변에선 불안감을 더 부추기는 소문들만 전해주기에 바빴다. 누구는 시골에 작은 카페를 냈는데 크게 성공을 해서 가족 사업이 되었다더라, 어떤 이는 유명한 저자가 되어 팬들을 거느리고 다닌다더라, 또 다른 누구는 서울 구석에 있는 저렴한 건물을 사서 더 큰 건물의 건물주가 됐다더라, 어쨌거나 회사를 벗어나야 돈도 벌고 이름도 날릴 수 있다더라 하는 말들이었다. 하지만 그런 것들은 소문에 불과할 뿐 사람들이 말하는 각각의 성공담들은 나의 이야기가 될 수 없었다.

누구에게라도 묻고 싶었다. 그저 한 자리에 앉아서 회사에서 시키는 일만 할 게 아니라 오롯이 나의 이름이 빛날 수 있는 나만의 일을 해야 하는 게 아닐까. 그런 일이 도대체 뭘까. 아니, 혼자서 해낼 수 있는 게 과연 있기나 할까. 불안과 자조로 가득 찬 나의 이야기를 듣고 있던 K가 무겁게 입을 뗐다.

"장담하는데 혼자서 무엇이든 가능한 사람은 없어. 회사 이름을 빌려서 회사 일들을 해오면서 네가 얻은 게 없다고 생각해? 아니, 넌 분명 큰 걸 얻었어. 사람. 함께 일하면서 만났던 사람들 말이야."

K는 사람으로부터 많은 것을 배우고, 주변 사람들이 미래의 일에 대한 이정표를 완성하는 데 많든 적든 도움이 될 수 있을 거라고 말했다. 그러면서 이전에는 알지 못했던 새로운 일들이 눈치채지 못하는 사이에 계단처럼 차곡차곡 쌓일 거고, 그걸 해내면서 한 계단씩 올라가다보면 생각지도 못했던 새로운 길이 열릴 수 있을 거라고 했다..

"우리도 마찬가지지 뭐. 일을 하면서 알게 됐지만 결국 서로 좋아하게 돼서 곁에 있게 된 거잖아. 너를 좋아하고 너와 마음이 맞는 사람들은 어디 멀리 가지 않아. 네 주위를 맴돌면서 네게 뜻하지 않은 아이디어를 주거나 너를 더 나은 사람으로 만들어줄 거야."

되짚어 생각해보니 정말 그런 것도 같았다. 나는 사회 초년생이던 때와 비교해보면 많이 발전하고 세련돼졌다. 세상을 보는 눈이라든지 일을 하고 생각하는 방식이라든지 취향이나 화법, 성격까지 모두 다. 그것들은 다양한 사람들을 만나 함께 일하면서 배우거나 주변의 자극을 받아 스스로 깨우치게 된 것들이었다. 특히 일하면서 만난 사람들이 오래된 친구들보다 더 마음이 끌렸는데, 그건 나와 그들이 좋아하는 것들의 교집합이 많았기 때문이었다. 그런 이들과 만나 이야기를 하는 것만으로도 부족한 것들이 채워지는 느낌이었다. 서로 좋아하는 것들을 이야기할 때는 한껏 즐거웠고, 그러고 나면 마음 깊숙한 곳에서 뜨겁게 꿈틀대는 느낌이 들었는데 그런 느낌만으로 행복했고 무언가 한 뼘 더 자라고 있다는 걸 알 수 있었다. 어쩌면 그런 순간들이 조금씩 모여서 지금의 나를 만들고 앞으로의 일과 취미의 방향을 설정하는 데 영감이 되어주었던 건지도 모르겠다. K의 말이 꽤 그럴 듯했다. 조급증을 버리고 지금껏 쌓아온 것들을 짚어보며 주변의 사람들과 함께 이야기를 나누다보면 깜깜하기만 하던 앞으로의 일이 스스로 굴러가고 어느새 커져서 조금씩 손에 잡힐 수 있을 것도 같았다.

그 밤 '앞으로'에 대한 이야기를 나눈 이후, 나는 K에게서 들은 것과 비슷한 이야기를 마주하게 되었는데 그것은 서울에서부터 미리 챙겨 갔던 매거진에 실린 영화감독 박찬욱의 인터뷰에서였다. 그는 인터뷰에서 자신이 원하던 것은 평화롭고 조용한 인생이었는데 어쩌다 자기 인생이 이렇게 풀렸을까 의아하다고 했다. 과거 자신에게 협업은 적성에 맞지 않는 끔찍한 일이었는데, 어쩌다 불가항력에 끌려오듯 영화를 하게 되었고 일을 하면서 성격도 변해서 이제는 협업에서 즐거움을 느끼게 됐다는 것이다. 그렇게 변할 수 있었던 것은 일을 하면서 좋은 사람들을 만날 수 있었기 때문이라고, 그들과의 협업은 언제나 자신의 경계를 확장시켜주는 즐겁고 감사한 일이라고 했다.

앞으로의 일들이 더 막막하게 느껴졌던 건 어쩌면 조급함 때문이었는지 모르겠다. 나는 좀 더 드라마틱하고 눈에 띄는 도약을 꿈꾸고 있었다. 그런데 스페인에서 만난 스페인 식구들의 느린 일상에 익숙해지면서 조금씩 알게 되었다. 사실은 모든 것이 대체로 천천히 스며든다. 아주 극적인 변화를 겪기보다 조금씩 변하고 우연히 만난 사람들이 삶의 순간에 들어와 슬쩍 선물을 놓고 간다. 그것들은 티가 잘 안 나고 조용히 곁에 달라붙어 있어 어느 순간 휙 뒤를 돌아보아야 문득 알게 된다.

그날 밤의 K와 어떤 날의 박찬욱은 나를 둘러싼 주변 사람들이 남기고 간 선물의 의미를 깨닫게 해주었고 앞으로의 일을 조금 덜 걱정스럽게 해주었다. 내가 가진 것과 사람들이 준 선물을 조금씩 더 다듬어보면 앞으로의 일이 그리 답답하거나 나쁘지만은 않을 것 같다는 좋은 예감이 들었다.

바
람
부
는
이
베
리
코
의
놀
이
터

앞으로에 대한 이야기로 긴 밤을 지새운 우리는 정작 바로 다음 날의 일을 예측하지 못하고 약속에 늦고 말았다. 농장의 이름은 '이베르프로Iberpro'. 카세레스에서도 아주 작고 외진 마을에 자리한 농장이었다. 마을은 조용했으며 집도 몇 채 보이지 않고 지나가는 사람도 거의 없었다. 두꺼운 작업용 앞치마를 매고 마중 나온 두 남자는 이베르프로를 함께 운영하는 부자, 아버지 안토니오 아비야 페레스와 아들 안토니오 주니어 아비야 레글라도였다. 안토니오와 그의 아버지는 20여 년 전부터 본격적으로 하몬 사업을 시작했고, 지금은 사업을 확장시켜 마을에 있는 주유소와 식당도 함께 운영하고 있다고 했다. 인적이 드문 작은 마을에서 부자는 돼지 농장과 하몬 공장, 주유소에 식당까지 다양한 사업을 이어오며 마을을 대표하는 가족 기업으로 자리 잡았다.

"많은 사업을 운영하고 있어도 가장 마음이 쓰이는 것은 역시나 하몬이에요. 돼지 농장은 어릴 때부터 매일 봐오기도 했고, 아버지와 제가 하몬을 너무 좋아해서 시작하게 된 일이었으니까요. 좋아하는 것이 일이 되고 좋아하는 일을 매일 할 수 있다는 건 감사한 일이에요."

그러면서 아들 안토니오는 그의 친구들에 대한 이야기를 짧게 덧붙였다. 말인즉슨 스페인 시골에도 대도시로 옮겨가는 젊은이들이 많다는 것이었다. 마드리드나 바르셀로나 같은 큰 도시에 가면 더 많은 일자리가 있고, 넉넉하고 화려한 삶을 꿈꿀 수 있어 새 터전을 찾아 떠나는 이들이 많다고, 그래서 마을이 썰렁하고 텅 비게 되었다고 말이다. 하지만 안토니오는 도시에 가지 않고 시골에 남은 것을 후회하지 않는다고 했다. 피부는 까맣게 탔고 모공과 머리카락 속속들이 돼지기름 냄새로 절어 있지만 그래도 좋아하는 일을 하면서 사는 것에 만족한다고 했다. 그런 말을 하는 그의 얼굴에선 여유가 넘쳤다. 그것은 마을을 대표하는 사업가로서 으스대는 것이라기보다 좋아하는 일을 하고 있다는 만족이 부른 흥 혹은 자부심이었다. 세상을 다 가진 사람의 표정을 본다면 아마 그의 것과 닮아 있지 않을까 하는 생각이 들 정

● 마중 나온 안토니오 부자.

● 하몬을 들고 있는 안토니오.

도였다.

우리는 돼지들이 살고 있는 산 중턱까지 차를 타고 올라갔다. 높은 지대로 올라가니 바람이 살랑살랑 불었고 나무도 많아졌다. 안토니오의 돼지 농장은 여러 개의 방으로 나뉘어져 있었다. 새끼 돼지의 방, 큰 돼지의 방, 임신한 돼지의 방 등 돼지 품종별로 사는 곳도 조금 달랐다. 분홍빛 피부를 가진 일반 돼지들은 곡류를 포함한 복합 사료를 먹고 실내 농장에서 살고 있었다. 이들 돼지로 만든 하몬을 하몬 세라노Jamón Serrano라 하는데, 하몬 세라노의 살코기는 분홍과 붉은 빛의 중간색을 띠고 약간의 마블링을 이루고 있다.

안토니오는 돼지 농장에서 좀 더 높은 지대로 올라가면 이베리코 돼지가 사는 데에사Dehesa가 나온다고 했다. 이베리코 돼지는 검은 몸, 날씬한 다리, 긴 주둥이, 검은 발굽을 갖고 있어 겉모습만 보아도 확실히 차이가 나는데, 안토니오는 발만 보고도 구분할 수 있다고 하여 '파타 네그라Pata Negra(검은 발)'라고 부르기도 했다.

"이베리코 돼지들이 사는 데에사에는 도토리 나무와 참나무가 자라고 다양한 허브와 풀들이 있어요. 나무에서 떨어진 열매와 발 아래 풀들을 먹고 사는 거죠."

그는 자연 속에서 자란 이베리코 돼지로 만든 것을 하몬 이베리코Jamón Iberico라고 불렀다. 이베리코 돼지는 넓은 산을 걸어 다니며 살기 때문에 운동량이 많고, 그로 인해 상아색 지방층이 근육으로 퍼지면서 촘촘한 레이어링을 형성하게 된다고 했다. 이로 인해 만들어진 독특한 마블링과 살코기 곳곳에 침투한 지방의 부드러움, 풍부한 육즙이 바로 이베리코 돼지의 핵심 매력인 것이다.

"이베리코 돼지의 지방이 도토리로 인해 완성된 것이라는 점이 중요해요. 도토리에 있는 지방 성분은 올레인산인데, 혈중 콜레스테롤 농도를 낮추는 유익한 지방으로도 알려져 있거든요. 올리브유가 가진 성분과 비슷한 거죠. 그래서 올리브처럼 몸에 좋은 지방을 갖고 있다는 뜻으로 스페인 사람들은 이베리코 돼지를 '다리 달린 올리브'라 부르기도 해요."

안토니오는 여기에 더해 모든 이베리코 돼지가 100% 이베리코 순종이 아니라는 것도 알아두어야 한다고 했다. 순수 이베리코 돼지의 유전자를 온전히 물려받은 돼지의 수는 현재 스페인 내에서도 극히 드물기 때문에 매우 고가에 판매되고 쉽게 볼 수 없는 귀한 돼지라는 것. 그래서 이베리코와 듀로크 혹은 피트레인 등 몇 개의 다른 품종이 섞인 교배종이라고 해도 최소 50% 이상 이베리코 유전자를 갖고 있으면 이베리코라고 통칭해 부르며 우리가 시중에서 접하는 하몬 이베리코들이 대개 이런 경우라고 했다.

이베리코 돼지가 있는 데에사로 향하는 길 위에서 나는 하몬을 살 때마다 마주쳤던 포장지 속 풍경을 떠올렸다. 나무와 풀이 무성한 가운데 풀을 뜯어 먹는 까만 돼지들. 한 프레임 안에 돼지는 서너 마리뿐이고 녹색 풀과 끝없는 하늘 길만이 가득했던 사진 속 풍경. 드디어 사진으로만 접해왔던 푸른 풍경과 맞닥뜨릴 시간이었다.

데에사에서 여유를 즐기고 있는 이베리코 돼지.

차로 10여 분 달려 도착한 데에사. 나와 K, M은 하몬 제품에 있던 사진 속 풍경과 비현실적으로 완벽한 싱크로율을 구현하고 있는 눈앞의 풍경에 놀라 얼마간 멍하니 서서 바라볼 수밖에 없었다. 돼지들의 생활 터전이라고 하기엔 너무도 평화로운 곳이었다. 이베리코 돼지들이 자라는 숲은 광활했다. 그에 비해 돼지들의 수는 많지 않으니 굳이 서로 붙어 지낼 필요를 못 느끼는 것 같았다. 돼지들은 저마다 하고 싶은 대로 하고 있었다. 여기저기 무리지어 다니기도 했고 홀로 다니며 여유를 즐기는 돼지도 있었다. 사진 속 돼지들이 그랬던 것처럼 딱 그렇게 말이다. 그림으로 익히 봐와서 그런지 괜히 구면인 듯 반가운 마음도 들었다. 녀석들은 유난히 길고 가는 다리와 높고 검은 발굽으로 각선미를 뽐내며 오물오물 입을 움직여 땅에 코를 박고 풀을 뜯고 있었다.

그러나 단 한 가지, 사진 속에서는 볼 수 없었고 데에사에 발을 디디고 나서야 마주할 수 있는 것이 있었다. 데에사를 완전히 장악한 선선한 바람이었다. 평범한 돼지들이 살고 있는 농장에서 그저 10분 정도 올라왔을 뿐인데, 데에사를 가득 채운 온도와 공기는 이전의 장소와는 완전히 달랐다. 얼굴을 감싸고 머리카락을 흐트러뜨리는 바람이 계속 찾아들었고 정수리를 찌르던 뜨거운 태양은 나무 그늘의 위용에 못 이겨 드문드문 의기소침해져 있었다. 이곳의 공기는 훨씬 맑고 쾌청했다.

사실 지난밤에 무리해서 마셨던 와인으로 인해 머리가 지끈지끈 울리고 있었는데 데에사의 맑은 공기를 마시니 불쾌한 느낌이 단번에 사그라지는 것 같았다. 폭우에 출렁이던 바다의 표면이 해가 뜨면 언제 그랬냐는 듯 잔잔해지는 것처럼 그곳에 서니 한결 나아지고 가라앉는 기분이었다. 이베리코 돼지가 사는 데에사는 그런 곳이었다.

여전히
살아 숨 쉬는 하몬

하몬을 만드는 과정은 생각했던 것보다 그리 복잡하지 않았다. 돼지 뒷다리를 차가운 온도에 보관하고 바다 소금을 다리 표면에 두텁게 발라 덮은 뒤 평균 3~6도의 실내에서 2개월 이상 보관한다. 삼투압의 원리에 의해 돼지 안에 있던 수분은 빠져나가게 하고 외부 공기를 차단해 부패하지 않도록 하는 것이다. 그리고 난 뒤 소금을 씻어내고 바람이 잘 통하는 저장고로 옮겨 매달아 14~36개월간 저온 보관해 건조한다. 그러는 동안 근육의 색은 점점 붉어지고 지방은 더욱 숙성되어 하몬 특유의 쿰쿰한 맛과 향이 자리를 잡게 된다. 이베르프로의 하몬 저장고에는 검정 발굽을 천장으로 향하도록 해 걸어둔 하몬이 빽빽이 줄지어 있었다.

가까이에서 본 하몬은 여전히 숨을 쉬며 살아 있는 것처럼 보였다. 기름진 하몬의 표면은 창문 너머에서 들어오는 빛을 받아 윤기로 반짝였고 살과 뼈 사이 곳곳에 남아 있는 기름들은 한 방울 한 방울씩 모여 똑똑 떨어지고 있었다. 오랜 시간 동안 숨 쉬며 숙성되고 지방을 빼낸 하몬은 더욱 담

● 돼지 뒷다리에 바다 소금을 덮어 염장하는 중.

● 숙성 중인 하몬. 돼지 품종에 따라 다른 색의 리본을 달고 있다.

백한 맛을 이루게 되고 감칠맛을 내는 성분들이 활성화되며 좀 더 맛있고 완벽한 하몬으로 거듭나는 것이다. 안토니오는 하몬의 발목을 가리키며 말했다.

"하몬의 발굽에는 각각 색이 다른 리본이 묶여 있어요. 돼지 품종과 사육 방식에 따라 등급을 매겨 나눈 표식인데, 최상의 품질을 띠는 돼지는 검정색 리본을 달고 있죠."

검정색 리본은 데에사에 방목시켜 도토리만 먹고 자란 돼지에만 붙일 수 있고 이를 이베리코 데 베요타Iberico de Bellota라고 부른다. 이베리코 돼지 중에서도 100% 순수 품종을 뜻하는 것. 100% 이베리코 순종은 아니지만 이베리코 유전자가 최소 50%에 달하고 데에사에서 도토리를 먹고 큰 돼지의 경우 빨간 리본을 묶고 역시 이베리코 데 베요타라 한다. 이외에 도토리와 곡류, 콩류 등 다른 사료를 함께 먹고 실내 농장과 데에사를 오가며 자란 돼지들에는 녹색 리본을 묶고 이베리코 데 세보 데 캄포Iberico de Cebo de Campo라 하며 가장 등급이 떨어지는 것에는 흰색 리본을 묶고 이베리코 데 세보Iberico de Cebo라고 한다.

이베리코는 이렇게 품종과 성장 방식에 따라 리본 색깔을 나눠 구분하기도 하지만 건조하는 시기도 조금씩 다르다. 이베리코 데 베요타는 염장 후 보통 36개월 이상, 이베리코 데 세보 데 캄포는 24개월 이상을 건조시킨다. 햄의 숙성 기간은 최대 3~4년까지 갈 수 있는데, 오래될수록 햄의 빛깔은 점점 짙어진다. 비교적 단기간 숙성한 하몬은 밝은 핑크빛을 띠고 오래 숙성한 것일수록 짙은 루비 빛깔을 띤다. 슬라이스한 하몬 단면에 지방과 살코기가 어우러져 만들어진 화려한 마블링이 있고 지방 색깔이 누런빛에 가까운 상아색을 띠며 살코기 부분에는 짙은 루비 빛을 띠고 있으면 상품이라 할 수 있다.

"하지만 이것보다 더 쉽게 구분 할 수 있는 방법이 있어요. 하몬을 살 때 제품 라벨을 잘 보면 돼요. '데에사'나 '몬타네라Montanera(데에사의 다른 말)' 혹은 '이베리코 프로Iberico Pro'라는 말이 붙어 있으면 그건 분명 좋은 품질의 이베리코 데 베요타일 테니까요."

데에사와 몬타네라는 돼지들이 자란 방목지를 뜻하는 것이고, 이베리코 프로는 순혈종 이베리코 돼지라는 뜻이니 이것들은 모두 최상품임을 보증하는 조건을 의미하는 말이다. 그의 설명을 들을수록 복잡하고 정교한 하몬의 세계가 그저 놀라울 따름이었다.

그러고 보니 스페인 사람들에게 하몬이 복잡하고 다양하며 정교한 세계를 이루듯 우리에겐 김치가 그렇다. 모르는 사람들에게 김치는 다 같은 김치겠지만 우리에겐 그 종류가 얼마나 다양한가. 파김치, 열무김치, 총각김치 등 각각 다른 재료로 만든 김치뿐 아니라 겉절이, 익은 김치, 신 김치, 묵은지 등 숙성 기간에 따라 부르는 이름도 활용하는 쓰임새도 모두 다르니 말이다. 하몬에 대한 엄격한 기준과 다양하게 분류해놓은 등급만으로도 하몬이 스페인 사람들의 일상에 얼마나 깊숙이 들어와 있는지, 스페인 사람들이 하몬을 얼마나 사랑하는지 가늠해볼 수 있을 것 같았다.

하몬과 크래커.

모두가 칭찬을 아끼지 않는다는 최고의 하몬은 어떤 맛을 지녔을까. 우리는 빨간 리본을 달고 있는 이베리코 데 베요타를 함께 먹어보기로 했다. 안토니오는 '하모네로'라고 하는 틀에 하몬을 올려 고정시킨 뒤 왼손으로 뼈를 잡고 오른손으로 칼을 들고는 표면의 기름을 돌려 깎고 빨갛게 건조한 살코기를 얇게 썰었다.

"하몬은 소금으로 염장한 것이라 짭짤하고, 자체에 간이 되어 있기 때문에 특별히 조리를 하기보다 아무 맛도 안 나는 크래커와 함께 곁들여 먹는 게 제일 맛있어요."

안토니오는 마트에서 판매하는 1유로짜리 저렴한 크래커 봉투를 뜯어 테이블에 쏟았다. 얇게 썬 하몬을 크래커에 돌돌 말아 한입에 넣고 아작아작. 그는 만족스럽다는 표정을 지으며 우리에게도 그처럼 먹어보라는 듯 권유의 손짓을 하고는 선 채로 몇 점을 더 같은 방식으로 먹었다. 우리는 언제나 그랬듯 현지의 방식을 따랐다. 안토니오가 했던 것처럼 크래커 하나를 집어 들고 하몬을 돌돌돌.

아무 맛도 안 나는 것 같으면서도 고소하며 달았고, 소리만 요란한 크래커는 정말로 하몬을 더 돋보이게 만들었다. 짭짤한 살코기와 쿰쿰하게 올라오는 지방의 기운이 약간 부담스럽게 다가올 수 있는데 크래커의 담백함이 하몬의 진한 맛과 향을 부드럽게 하는 동시에 식욕을 돋워주었다. 우리는 자리에 앉으려는 생각도 않고 선 채로 계속 먹기만 했다.

간이 아주 적당해서

모든 게
완벽했던 날

그동안 스페인 식구들과 함께 했던 식탁에서 빠지지 않고 등장했던 음식이 하몬과 올리브였고 그 옆에 친구처럼 함께 따라 나오는 것들이 초리조와 살치촌 같은 소시지였다. 국내에서는 쉽게 접하지 못하는 것들이라 이름만 들어보면 생소할 수도 있지만 생김새를 보면 그리 낯설지는 않다. 이것들은 언뜻 보면 피자 위에 올라가는 페퍼로니 햄 같기도 하고 어릴 적 학창 시절에 도시락 반찬으로 자주 나오던 핑크 소시지처럼 생기기도 했다.

초리조는 돼지 내장에 잘게 다진 돼지고기와 지방, 파프리카 가루, 마늘, 오레가노, 소금 등을 넣고 건조시켜 완성한 것이다. 초리조를 한눈에 알아보는 가장 쉬운 방법은 색깔. 돼지의 지방과 파프리카가 만들어낸 빨간 기름이 초리조 겉면을 둘러싸고 있다. 빨간 빛깔에서도 짐작할 수 있듯 초리조는 기름지면서도 매콤한 맛을 두루 갖추고 있는데, 파프리카 가루의 매콤함이 느끼함을 중화시켜 우리나라 사람들의 입맛에도 잘 맞는다.

살치촌은 잘게 다진 돼지고기와 지방, 소금, 후추, 육두구, 오레가노, 마늘 등을 돼지 내장에 눌러 담은 뒤 건조시킨 것이다. 초리조가 파프리카 가

● 초리조.   ● 살치촌.

루 덕에 매운맛을 품을 수 있었다면 살치촌은 이와는 좀 다르게 홧홧하게 맵
다. 후춧가루가 활약해 뜨거운 맛을 내면서 빛깔은 조금 칙칙하다. 초리조
와 살치촌의 특징을 한 문장으로 요약한다면 이 정도쯤이 될 것 같다. '초리조
는 빨개. 빨가면 파프리카, 살치촌은 까매. 까마면 후추.'

　하몬과 초리조, 살치촌 다음으로 스페인 사람들이 즐겨 먹는 소시지로
는 로모와 모르칠라가 있다. 로모는 돼지의 안심 부위를 활용하여 만든 것인
데, 살코기만 남은 안심에 소금, 마늘, 파프리카 가루 등으로 만든 양념을 바
르고 훈연 처리한 뒤 저온에서 건조한 것. 하몬이 숙성된 지방 특유의 향
을 가진 것이 매력이라면 로모는 안심 부위라 지방이 거의 없어 느끼하지 않
고 담백하다. 낯선 냄새와 맛에 예민한 사람도 비교적 쉽게 다가갈 수 있
는 유일한 햄이라고 할 수 있다. 특히 로모는 양젖으로 만든 만체고 치즈
나 과일을 응고시켜 푸딩처럼 만든 부드럽고 달콤한 멤브리요membrillo와 함
께 곁들이면 단짠단짠의 감동을 더 진하게 느낄 수 있다.

　모르칠라는 다른 소시지에 비해 좀 더 흥미로운 음식이다. 어둡고 칙칙

한 붉은 색을 띠면서 말랑거리는데, 이것은 우리의 순대처럼 돼지 피를 사용해 만든 것이다. 스페인 사람들은 돼지 내장에 돼지 피와 쌀, 마늘, 양파, 피망 등을 넣어 만든 모르칠라를 든든한 한 끼 식사로 즐겨 먹는다. 지역마다 제조법이 조금씩 다른데 안토니오가 사는 카세레스에서는 으깬 감자와 파프리카 가루, 마늘을 함께 넣어 만든다. 감자를 넣은 모르칠라는 올리브유에 튀겨 먹기도 하는데, 튀긴 겉면은 바삭해지고 안에는 쫀득하고 부드러운 감자의 질감이 그대로 살아 있어 먹는 재미도 꽤 좋다.

안토니오는 직접 만든 햄과 소시지를 하나씩 꺼내어 도마에서 숭덩숭덩 썰었다. 살치촌 한 점, 초리조 한 점, 모르칠라 한 점. 레스토랑에서 먹었던 것처럼 종잇장같이 얇게 썬 것이 아니라 아무렇게나 마구 썬 것을 손으로 집고는 K와 M과 나의 입에 바로 넣어주었다. 우리는 엉겁결에 먹이를 받

● 안토니오가 썰어준 모르칠라.

아먹는 새들처럼 자기의 차례를 기다렸고 차례가 다가올 때마다 침을 꿀떡 삼켰다.

안토니오와 함께 먹었던 하몬과 소시지에서는 그의 손맛과 기다림의 맛이 그득했다. 안토니오의 친절한 손가락 온도가 하몬과 소시지에 더해지니 그와 그의 음식에 대한 우리의 마음도 사르르 녹아내렸다. 아마도 그의 도움이 없었다면 핏기 가득한 모르칠라에 대한 기억이 지금과는 완전히 다르게 남았을 것이다. 아니, 모르칠라를 향해 끝내 입을 열지 않았을 수도 있겠지. 다행히 우리에겐 안토니오의 손맛이 있었다. 쉴 새 없이 떠들어대며 어떤 하몬이 좋은 것이고, 어떻게 먹어야 더 맛있는지 자기가 알고 있는 모든 걸 가르쳐주려고 했던 그의 살가운 마음이 있었다.

우리는 스페인 여행을 끝내고 한국에 돌아온 이후 초리조를 더욱 즐겨 먹게 되었는데, 그럴 때마다 카세레스에서 만났던 고원의 이베리코 돼지들과 한 점이라도 더 먹여주고 싶어 하던 안토니오의 얼굴이 떠올라 괜히 기분이 들떴다가도 금세 아련해진다. 손으로 썬 것을 바로 받아먹었을 때 혀끝에서 느껴지던 짭짤하고 뜨끈한 소시지의 맛, 코끝에서 느껴지던 돼지기름 냄새 범벅인 안토니오의 체취, 그리고 자기의 일이 제일 좋다며 깊은 눈으로 웃어 보이던 그의 얼굴이 하나씩 가까워졌다가 사라졌다 한다.

초리조 하나를 꿀꺽 삼킬 때마다 그때의 기억이 함께 따라 들어오는 것 같아 기분이 좋아진다. 그날 이후 초리조는 우리를 웃게 하는 음식이 되었다. 언젠가 또 그의 온기가 담긴 초리조를 맛볼 날이 있을까. 꼭 그러지 않아도 괜찮다. 이전에는 몰랐던, 세상에 없던 어떤 맛을 알게 됐으니 그걸로도 충분히 고맙다.

006

스페인 식구들이
모여 만든 빛의 맛,
웃음의 맛

안토니오의 하몬 농장을 지나 우리는 카세레스 주의 대표적인 관광 도시 트루히요Trujillo에 숙소를 잡았다. 13세기에 지어진 아랍의 요새와 프란시스코 피사로Francisco Pizarro 같은 신대륙 정복자들이 자란 마을로 알려진 곳. 그들의 성과 주택을 보기 위해 찾아온 스페인 전역의 국내 관광객들로 인해 주말이면 마을은 조금 더 붐볐지만 그마저도 마드리드와 톨레도의 소란에 비해 턱없이 모자라는 정도로 여전히 고요하고 한적한 마을이었다.

트루히요 마을의 풍경은 지금까지 우리가 머물렀던 곳들과 크게 다르지 않았다. 조용했고 외지인보다 오랫동안 터를 잡고 살아온 터줏대감들이 많았으며 집과 길, 상점과 들판의 식물들이 오래전 방식대로 자유롭게 펼쳐져 있었다. 무엇이든 화려하게 다듬어지기보다는 담담하게 뿌리를 내린 모습이었다. 마을을 걷다보면 언덕길을 따라 성곽처럼 둘러싸인 돌벽이 펼쳐졌고, 그 돌벽 아래로 빽빽이 심어져 있는 선인장 밭이 장관을 이뤘다. 이것들만으로도 이 도시가 아랍의 요새였던 이유를 조금은 알 수 있을 것 같았다.

에어비앤비를 통해 예약한 트루히요 숙소의 주인은 오랫동안 영어 교사

● 선인장이 가득한 돌벽 아래.

● 트루히요 광장.

● 트루히요 숙소에 있던 비밀의 정원.

로 일했던 할아버지였다. 백발의 곱슬머리와 덥수룩하게 난 흰색 콧수염이 트레이드 마크인 그는 몇 해 전 현대식 주택으로 이사를 가면서 오랫동안 아내와 함께 살던 돌집을 여행자들을 위한 공간으로 내놓았다고 했다.

그의 오래된 3층짜리 돌집은 영화 속에서나 봤을 법한 낭만적인 곳이었다. 1층엔 응접실과 넓은 부엌이 있었고 부엌에 달린 작은 문을 열고 나가면 덩굴 식물이 사방을 둘러 만든 정원이 있었다. 녹색 식물 속 한가운데에 자리한 테이블 앞에 앉으면 세상의 소음이 차단되고 순식간에 다른 세계로 이동하는 것 같았다. 그만큼 아름다운 비밀의 정원이었다.

할아버지의 오래된 돌집은 밤마다 습기가 올라와 조금 스산하기도 했지만 이른 아침부터 늦은 오후까지는 창문 너머 해가 강렬하게 쏟아져 들어와 따뜻했다. 우리 셋 모두 온종일 돌집에 머물던 어느 날이었다. 이른 오후부터 M은 부엌에서 분주하게 움직였다. M은 우리가 머물렀던 숙소를 통틀어 트루히요의 부엌을 가장 좋아했다. 나중에는 꼭 이런 부엌을 갖고야 말겠다고, 늘 꿈꾸던 부엌의 모습이 이런 것이었다고 하며 구석구석을 눈에 담았고 서랍장과 찬장을 열 때마다 고음 옥타브의 함성을 질렀다.

부엌 찬장 문을 열면 예쁜 그릇들이 한가득이었다. 컬러 페인팅이 닳아 흐린 자국으로 남은 크림색 찻잔, 오래되어 녹슨 시리얼 틴 케이스, 옅은 프린트가 그려진 커피 잔들이 가지런히 놓여 있었다. 소박하고 예쁜 그릇과 부엌살림들을 보며 우리는 이곳에 머물렀던 할아버지 선생님과 그의 부인의 지난 매일을 상상했다. 느긋하고 낭만적이었을 것 같았다. 완벽한 볕이 찾아든 창가에 앉아 예쁜 꽃무늬 접시에 담긴 무언가를 먹으며 즐겼을 두 사람을 상상하는 것은 참 설레는 일이었다. 어쩌면 노부부가 지냈던 아름다운 순간을 우리도 한껏 누릴 수 있을 것 같았다.

우리는 카바로 만든 화이트 상그리아를 들고 비밀 정원으로 들어갔다. 사방을 둘러보아도 그저 하늘과 덩굴식물과 상그리아와 우리 셋뿐이었다. 외부와 완전히 단절되어 있었고, 투명한 녹색의 잎은 오로지 우리를 위해서만 만발했다. 체리와 자두와 오렌지의 달콤함이 카바의 기포를 만나 상승선을 이루어 목젖까지 힘차게 쏘아댔다.

상그리아를 즐기고 있으니 M이 준비한 메인 요리가 모두 완성되었다. 이번엔 거실 한 켠, 비밀 정원이 바라다 보이는 창문 옆 테이블로 자리를 옮겼다.

"지금까지 만났던 스페인 식구들을 떠올리며 만들었어요. 우리가 같이 먹으며 이야기하고 즐거워했던 음식들이 여기에 다 있어요."

M이 준비한 한 상에는 지난 여행에서 함께 했던 사람들의 흔적들이 가득 했다. 안토니오의 하몬 농장에서 받아온 초리조로는 그가 가르쳐준 대로 파프리카 가루와 초리조, 치킨 스톡을 함께 끓여 초리조 스튜를 만들었고 트루히요 마을에 있던 작은 상점에서 저렴하게 구입한 캔 문어와 짧고 가는 면으로 만든 파스타도 준비했다. 그리고 리오하 아로의 무가 할머니를 닮은 우아한 화이트 아스파라거스, 아르호니야와 캄빌의 아저씨들이 만든 유기농 올리브유와 바게트, 카스티야 라만차 EHD 농장의 로렌조 아저씨가 선물한 레드 와인으로 후안 무가와 함께 먹었던 와인에 졸인 배와 아이스크림 디저트까지 완성해냈다. 모든 음식에는 지난 스페인 식구들의 흔적이 가득했고, 그런 음식들을 보

● 스페인에서의 마지막 식사.

니 테이블 사이사이에 스페인 식구들이 한데 모여 둘러앉아 있는 것 같았다.

창문 너머로 들어오는 볕이 우리의 음식들을 빛나게 했다. 테이블을 가득 메운 눈부심 사이로 지난 스페인 식구들의 얼굴들이 떠올랐다. 그들과 함께 나눈 이야기와 눈앞에 펼쳐졌던 풍경들과 지나온 농장들의 흙과 바람의 냄새들이 우리의 테이블을 찾아와 계속 맴도는 것 같았다.

짧고도 길었다. 새로운 자연에서 아주 새로운 사람들과 그들이 건네준 꽤 특별한 음식들을 만났던 시간들이 한순간 같기도 하고 영원할 것 같기도 했다.

"우리가 다시 여기에 올 수 있을까?"

K가 질문을 던졌는데, M과 나는 바로 답을 하지 못했다. 스페인을 등지고 서울로 돌아가면 언제 그랬냐는 듯 다시 바빠지겠지. 또다시 힘들고 지치는 순간이 찾아오겠지. 어쩌면 영영 다시 올 수 없을 지도 몰라. 그래도 확실히 알 수 있는 건 우리가 이전보다 조금 더 따뜻해졌다는 것이다. 눈부시게 빛나는 하늘과 뜨겁게 내리쬐는 태양과 붉은 흙과 그것들이 만든 꽉 찬 열매와 친근했던 스페인 사람들이 전해준 마음으로 자라난 온기. 다른 것들은 다 잊어도 이곳의 온기만은 절대 잊을 수 없을 것 같았다. 모든 게 다 사라져도 이곳에서 흡수한 뜨거운 무언가는 심장을 타고 온몸에 잔잔히 흘러 다닐 것 같았다. 우리는 꼭 다시 오자는 말 대신, 각자의 몸에 새겨진 스페인 식구들의 온기를 느끼며 뜨거웠던 지난날을 떠올렸다.

셋이 마주 보고 앉은 원형 테이블은 여전히 반짝거렸다. 화이트 아스파라거스의 단면이 한여름의 강물 위에 압정을 뿌린 것처럼 부서질 듯 빛났고 허공에 만들어진 빛 길 사이로 먼지들이 부유했다. 나는 눈앞에 펼쳐진 아름다운 순간을 오랫동안 가슴에 담아두고 싶었다. 스페인 식구들의 흔적, K와 M의 표정, 순간의 공기와 온기와 분위기 모두 다. 좋은 순간을 '찰칵' 하는 소리와 함께 사진으로 영원히 남기듯 나는 '쨍' 하고 잔을 부딪쳐 마음속에 순간을 저장해두고 싶었다. 이후에 언제라도 잔을 부딪칠 때 찬란했던 그때의 순간이 피어오를 것 같았기 때문이다.

그렇게 우린 함께라서 좋았다. M과 K가 있었고, 지난 한 달간 만났던 스페인 식구들이 있었다. 그들과 함께 먹기만 했을 뿐인데, 그럴 때마다 우린 계속 웃었고 새로운 세상에 눈을 떴으며 아주 다른 삶의 방식을 배우기도 했다. 어떻게 해도 텅 비어서 채워지지 않을 것 같았던 마음의 허기를 든든히 채울 수 있었고 지난 상처들이 사실은 아무것도 아닐 수 있다는 또 다른 가능성에 대해 생각할 수도 있었다.

함께 했던 식사는 늘 완벽했다. 단출하게 차려진 날것일 때도 있었고 끝을 가늠할 수 없는 길고 긴 코스 요리일 때도 있었지만 어떤 음식이냐 하는 것은 크게 중요치 않았다. 우리에게 중요한 건 함께한다는 것이었다. 곡진한 대접으로 낸 음식은 존재만으로도 고마운 것이었으며 둘러앉아 나눠 먹는 자리에선 이야기가 넘쳐흘렀다. 재료의 역사부터 사소한 일상까지, 서로에 대해 이야기를 나눌 때 우린 오래 만난 친구처럼 가까웠고 스스럼이 없었다. 이야기가 끊겨도 문제될 건 없

● 지난 스페인 식구들을 떠올리며 마지막 디저트를.

었다. 찬연한 자연과 그 자연을 닮은 사람들이 곁에 있다는 것만으로 마음이 한결 편안해졌으니까.

자연의 힘은 생각했던 것보다 훨씬 강렬했다. 스페인 출신 화가 피카소와 마티스의 영감의 원천이 자연이라고 했던 이유를 알 수 있을 것 같았다. 스페인의 자연은 그들의 작품보다 더 아름답고 탐나는 것이었다. 하늘과 꽃, 나무와 풀, 돌과 흙 모든 색이 짙고 눈부셨다. 우리를 둘러싼 사방의 것들이 너무도 매혹적이어서 그런 자연 속에 머물고 있다는 것 자체만으로 위로가 되었다. 그 모든 아름다움은 너무 진해서 피부에 닿을 때마다 세포 깊숙이까지 들어왔고 탁해진 정신을 맑게 깨웠다.

우리는 스페인 식구들이 내어준 음식들을 부지런히 씹고 즐겁게 마셔 달게 흡수했다. 그러는 사이 세상을 대하는 방식을 조금씩 바꾸게 되었다. 무엇보다 그들에게서 보았던 조금은 호사스러운 느린 걸음걸이가 갖고 싶어졌다. 느린 걸음과 조금은 헤프다 싶을 정도로 자주 건네는 인사가 일상을 얼마나 풍요롭게 하는지 이제는 너무 잘 알 것 같았다. 그건 지금까지와는 완전히 다른 삶의 방향이었고, 그것만으로 달라질 하루가 기대됐다.

함께 먹고 함께 즐겼던 스페인 식구들을 통해 우린 조금 다른 삶의 맛에 눈을 떴다. 아주 희미하지만 뭔가가 조금씩 달라지고 있었다.

화이트 상그리아,
상그리아 블랑코 *Sangría Blanco*

EHD 농장에서 모두가 즐겨 마셨던 카바. 로렌조 가족과 헤어지면서 카바 여러 병을 선물로 받았는데, 여행의 마지막이 다가오는 시점에서 남은 카바를 모두 마시기로 했다. 오렌지, 자두, 체리 모두 넣고 싱그럽고 또 싱그럽게.

| 재료 | 카바(또는 화이트 와인), 민트, 오렌지, 레몬, 자두, 체리, 포도 농축액(또는 꿀) |

만드는 법

- 민트 잎과 포도 농축액 3큰술을 저그에 넣고 국자 뒷면이나 나무 공이로 힘껏 으깬다.
- 화이트 상그리아를 만들 때 민트는 늘 최대한 많이 넣어야 한다. (민트에 대한 사랑은 상그리아에서도 모히토의 향기를 느끼고 싶은 취향이 반영된 것. 민트가 부담스러우면 로즈메리를 넣어도 좋다. 로즈메리는 은은한 향이 매력적이니 민트처럼 많이 넣지 말자. 로즈메리향 화장수를 마시는 기분이 들 테니 말이다.)
- 오렌지 한 개, 레몬 한 개는 각각 얇게 슬라이스, 자두 두 개는 웨지 모양으로, 체리는 열 개쯤을 반으로 잘라둔다.
- 모든 과일은 커다란 저그에 넣고 민트와 함께 골고루 버무린다.
- 카바 두 병을 저그에 과감하게 붓고 섞는다. (다분히 의도적으로 조금 남긴 카바는 나의 입으로 털어 넣는다. 음료 만드느라 수고 했으니까!)
- 이렇게 완성한 상그리아는 냉장고에 한 시간쯤 두고 마시기 직전 얼음 잔에 꾹꾹 눌러 담는다. 마음이 그렇게 풍족해질 수 없다.

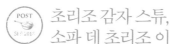

초리조 감자 스튜, 소파 데 초리조 이 파타타스 *Sopa de chorizo y patatas*

그동안 묵었던 그 어떤 곳보다 이곳 트루히요 숙소의 부엌은 인테리어와 그릇 모두 참 훌륭하다. 요리사와 스타일리스트로서의 욕구가 동시에 충족되니 의욕도 넘친다. 게다가 여행의 끝자락. 그렇다면 냉장고 털기를 시작해볼까. 안토니오가 준 초리조와 각종 채소를 모아본다.

재료	초리조, 릭(또는 대파), 감자, 마늘, 적양파, 그린 올리브, 빨간 파프리카, 녹색 파프리카, 파프리카 가루, 화이트 와인, 치킨 스톡, 시나몬 가루, 소금, 후추

만드는 법

- 릭은 다지고, 마늘은 얇게 저민 뒤 커다란 냄비에 올리브유를 넉넉하게 둘러 볶는다.
- 큼직하게 자른 초리조를 냄비에 넣고 노릇하게 볶는다. 파프리카 가루, 시나몬 가루를 티스푼으로 듬뿍 한 스푼씩 담아 넣고 30초간 마저 볶는다.
- 화이트 와인 한 컵을 넣는다. 1분 동안 끓여 알코올을 어느 정도 날린다.
- 크게 잘라둔 적양파, 빨간 파프리카, 초록 파프리카, 감자, 그린 올리브를 냄비에 넣고 치킨 스톡을 가득 넣어 중불에서 한 시간 정도 또는 감자가 완전히 익을 때까지 끓인다.

캔 문어 & 마늘 파스타,
피데오스 콘 풀포 알 아히요 *Fideos con pulpo al ajillo*

262

마트에 가니 낯선 모양의 파스타가 참 많다. 쇼트 파스타의 종류도 매우 다양한데, 그 중에서 피데오 카베요*fideo cabello*를 고른다. 머리카락처럼 가늘다고 해서 붙여진 이름으로, 수프에 주로 사용하거나 카탈루냐 지방에서 즐겨 먹는, 쌀 대신 파스타로 만든 파에야의 한 종류인 피데우아*fideúa*의 주재료로도 쓰이는 것이다. 면이 워낙 짧고 얇아 숟가락으로 떠먹어야 한다. 이렇게 얇은 파스타는 처음이라 삶는 시간 맞추기에 실패하고 말았다. 알덴테(심지가 살아있게 중간 정도로 삶은 방법)는 물 건너갔지만 기가 막히게 맞춘 간과 보들보들 익은 문어 덕분에 아주 실패는 아니다.

재료	캔 문어, 피데오 카베요(또는 짧게 자른 스파게티니), 마늘, 차이브, 소금, 후추

만드는 법

• 캔 문어에 들어있는 오일을 팬에 듬뿍 두른다. (오일에 절인 무언가가 있다면 그 오일을 잘 활용하는 편인데, 내용물의 향이 진하게 배어 있을 뿐 아니라 함께 들어 있는 허브향도 함께 머금고 있어 요리할 때 꽤 유용하게 쓸 수 있다. 결코 질이 떨어지는 오일이 아니니 의심을 버리고 사용해볼 것!)

• 얇게 저민 마늘을 약불에 천천히 볶아 기름에 마늘향을 입힌다.

• 문어를 넣고 2분 정도 같이 볶은 후 기호에 맞게 소금, 후추로 간을 한다.

• 여기에 삶은 파스타를 넣고 고루 섞는다.

• 다진 차이브를 뿌리면 간단하게 완성.

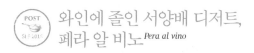

와인에 졸인 서양배 디저트, 페라 알 비노 *Pera al vino*

디저트를 즐겨 먹지는 않지만 그중에서도 가장 선호하는 디저트 하나를 꼽으라면 와인에 졸인 서양 배 정도. 아쉽게도 한국에서는 서양 배를 찾아보기 매우 힘들어 기회가 닿을 때마다 꼭 찾아 먹곤 한다. 한국 배는 너무 달고 과즙이 많아 이 디저트를 만들기에는 부적절하다. 대신에 살이 단단하고 상큼한 맛이 더 강한 천도복숭아라는 훌륭한 대체 재료가 있으니 너무 슬퍼하지 않아도 된다. 와인, 시나몬, 홍차, 체리의 향을 가득 머금은 배는 그 어떤 디저트와도 비교할 수 없다. 입 안에서 사르르 녹는 순간 모든 재료의 맛과 향이 한꺼번에 퍼져 나온다.

재료	서양 배(또는 천도복숭아), 레드 와인, 설탕, 꿀, 시나몬 스틱, 홍차 티백, 체리, 레몬, 바닐라 아이스크림

만드는 법

- 냄비에 드라이한 레드 와인 반 병, 설탕 1/4컵, 꿀 3큰술, 시나몬 스틱 한 개, 홍차 티백 한 개, 레몬 껍질 한 개 분량을 넣고 설탕이 완전히 녹을 때까지 섞는다.
- 서양 배 세 개는 꼭지를 살려둔 상태로 껍질만 깐다.
- 먼저 재료를 넣고 섞어둔 냄비에 와인을 채운 뒤 서양 배 세 개와 체리 열 개를 넣고 끓인다.
- 와인이 한 번 끓어오르면 약불로 줄여 한 시간 동안 뭉근하게 익힌다.
- 졸인 서양 배 위에 바닐라 아이스크림 한 스쿱을 툭. 감미로움에 저절로 눈이 감긴다.

멜론과 하몬,
멜론 콘 하몬 이베리코 *Melón con jamón iberico*

와인 바의 단골 안주 메뉴 중 하나인 멜론과 프로슈토. 하몬의 고장에 왔으니 프로슈토 대신 하몬을 더해본다. 코끝을 찌르는 이베리코의 향과 달콤한 멜론향, 그리고 매운 후춧가루의 향이 온 부엌에 진동한다. 한입 가득 넣으면 이것이 바로 '단짠의 정석'. 열 한 번 가하지 않고 다만 칼질 몇 번으로 이렇게 완벽한 음식을 만들 수 있다는 건 정말 축복이다.

재료	하몬 이베리코 데 베요타, 멜론, 후추

만드는 법

- 멜론은 먹기 좋은 크기로 자른다.
- 하몬은 손으로 찢어 멜론 위에 조금씩 올린다.
- 후추를 뿌려내면 완성. 매운 음식을 좋아한다면 페퍼론치노 한 개를 으깨어 뿌려보자. 익숙했던 음식이 아주 다른 느낌으로 다가올 것이다.

하몬 만체고 샌드위치,
샌드위치 데 하몬 이 퀘소 *Sándwich de jamón y queso*

산세바스티안 핀초 바에서 먹었던 하몬 샌드위치가 떠올라 도전하지만 좋은 바게트를 찾는 데 실패하고 만다. 아쉬운 대로 맛과 향이 좋은 발효 빵에 안토니오가 만든 하몬을 꽉꽉 채워본다. 안토니오의 하몬 덕분에 제법 풍미가 살아난다.

재료	향 좋은 발효 빵, 하몬, 만체고 치즈, 올리브유, 후추

만드는 법	• 빵은 살짝 토스트하거나 오븐에 데운다.
	• 반으로 자른 빵 안쪽 단면에 올리브유와 후추를 뿌린다.
	• 만체고 치즈와 하몬을 가득 채운다.

하몬 피자,
피자 데 하몬 이베리코 *Pizza de jamón ibérico*

질 좋은 하몬과 병에 든 토마토소스, 통통한 모차렐라 그리고 만체고 치즈 한 덩어리. 운 좋게도 주인아저씨 찬장에서 인스턴트 이스트도 발견한다. '좋아! 오늘은 피맥의 밤이 되겠구나.'

저녁 시간이 되기 전에 서둘러 피자 도우를 만들어놓는다. 오븐의 은혜를 입은 피자의 모습은 참으로 영롱하다. 바삭한 도우에 짭조름한 하몬, 새콤달콤한 토마토소스, 쭉쭉 늘어나는 생 모차렐라, 톡 쏘는 만체고 치즈의 향. 꿀꺽. 그 맛 또한 아름답기 그지없구나.

| 재료 | 강력분 4컵, 인스턴트 이스트 8g, 물 1과 1/2컵, 올리브유 2큰술, 소금 2작은술, 설탕 2작은술 |

| 만드는 법 | • 큰 볼에 밀가루를 넣고 가운데를 눌러 분화구 모양처럼 밀가루 산을 만든다. 움푹 패인 구멍에 소금, 설탕, 이스트를 넣고 물 반 컵과 올리브유도 넣는다. |

• 포크로 중앙부터 서서히 섞어가며 밀가루 산을 무너뜨린다. 어느 정도 되직한 반죽이 만들어지면 남은 물을 조금씩 넣어가며 아직 섞이지 않은 밀가루와 함께 반죽한다.

• 약 10분. 이제부터 팔은 내 것이 아니라고 생각하고 반죽 스타트! 완성된 반죽은 생각보다 손에 잘 붙고, 그리 단단하지 않으니 당황하지 말기.

• 깨끗한 볼에 밀가루를 충분히 뿌리고 반죽을 놓는다. 반죽 위에도 밀가루를 살짝 뿌린다. 깨끗한 행주로 볼을 덮어 통풍 잘 되는 곳에 한 시간 정도 두면 반죽이 두 배는 부푼다.

• 잘 부푼 반죽을 주먹으로 꽝! 꽝! 내리쳐 공기를 모두 뺀다. 그리고 적당한 크기의 덩어리를 잘라 원하는 크기의 피자 사이즈로 둥글게 민다.

• 피자 트레이에 도우를 올리고 그 위에 토마토소스를 고르게 펴 바른 뒤 하몬을 투박하게 찢어 올린다. 모차렐라는 넘칠 듯 마음껏 올리고, 만체고 치즈 샤샥 갈아 뿌리면 오케이.

• 빠르고 바삭하게 구워야 하니 220도 오븐에 12분 동안 굽는다.

Spain